◆ 农民培训精品教材 ◆

稻-虾-鱼
综合种养创新模式

◎邹胜先　马亚平　汪红兵　高光明　主编

中国农业科学技术出版社

图书在版编目（CIP）数据

稻-虾-鱼综合种养创新模式／邹胜先等主编. --北京：中国农业科学技术出版社，2021. 9（2025.2重印）

ISBN 978-7-5116-5445-8

Ⅰ. ①稻… Ⅱ. ①邹… Ⅲ. ①稻田养鱼-研究 Ⅳ. ①S964. 2

中国版本图书馆 CIP 数据核字（2021）第 156616 号

责任编辑 金 迪 张诗瑶
责任校对 马广洋
责任印制 姜义伟 王思文

出 版 者 中国农业科学技术出版社
北京市中关村南大街 12 号 邮编：100081
电 话 (010)82109705(编辑室) (010)82109702(发行部)
(010)82109709(读者服务部)
传 真 (010)82109698
网 址 http://www.castp.cn
经 销 者 各地新华书店
印 刷 者 北京科信印刷有限公司
开 本 140 mm×203 mm 1/32
印 张 4
字 数 116 千字
版 次 2021 年 9 月第 1 版 2025 年 2 月第 5 次印刷
定 价 32. 00 元

《稻-虾-鱼综合种养创新模式》

编委会

主　编	邹胜先　马亚平　汪红兵　高光明
副主编	胡荣娟　曾祥迅　刘　刚　汪　政　徐友生
参编人员	周桃英　余夕帆　左　娇　熊　璐　阮宜兵 姚剑坤　吴　鹏　高　奇　陆剑锋　张　健

前　言

根据联合国粮食及农业组织（FAO）公布的数据，我国有2/3的中低产田，可开发耕地资源仍有潜力。现今，我国农业生态环境问题严重，旱涝灾害频繁发生，农业用水利用率低，农业的可持续发展面临挑战。因此，调整农业产业结构、提高农业产出效益势在必行。

我国目前每年水稻种植面积约4亿亩，开展稻渔综合种养模式对拓展我国水产养殖空间、推进养殖业转型升级有着十分重要的现实意义。稻渔综合种养模式是农业生产实践中的理想生态循环模式，是一种水稻种植与渔业养殖互补、互促的模式。稻渔综合种养模式既节约了水利投资成本又增加了蓄水量，实现了蓄水保水、抗旱减灾、减少污染、气候调节的生态效益，这对干旱缺水及不保水地区尤为重要。

在长江中下游流域小龙虾养殖已形成产业规模，起到了保障稻田生产粮食、经济收入增长、生态环保、一水双用、节约资源等作用。但是由于近几年来依靠出售高价虾苗而获利的黄金期已成为过去，而实际养殖技术水平低、投入少和无特色模式造成小龙虾养殖业普遍亏损。本书通过研究小龙虾相关的经济价值、生物学特性、养殖模式、病害防控、成品加工等问题的同时，结合生产实践，重点介绍稻-虾-鱼循环流水种养创新模式。这是一种高投入、高效益、多品种的种养结合新模式，是将我国池塘养鱼、集装箱流水养鱼与稻田种养模式相结合的创新模式。

稻-虾-鱼综合种养创新模式不是简单的种植加养殖，而是通过稻田改造工程（加高、加固田埂，开挖鱼沟等），选择合适的水稻品种与栽培方法，采用规范化的小龙虾、名优鱼类配套养殖技术，以期达到稳定水稻和鱼虾产量、保障水稻和鱼虾质量安全、发挥更多生态作用的目的。书中从水稻种植和鱼虾养殖品种、价格、季节与市场、成本、效益等方面进行了详细介绍，并引入了水质修复、病害防控与投入品使用等技术，旨在帮助水稻种植者和鱼虾养殖者转变传统种养观念，将单一的种植或养殖模式升级到稻-虾-鱼综合种养模式，进而掌握新的种养技术和模式，科学地选用相关的养殖饲料、植保与动保投入品、了解水产品的加工技术与流程，达到多方面提高社会效益、经济效益和生态效益的目标。

由于编写时间仓促，编者水平有限，书中不足之处希望读者批评指正。

高光明

2021 年 7 月 1 日于武汉

目　　录

第一章　小龙虾产业形势与加工利用

第一节　小龙虾概述

一、小龙虾的学名及分布

学名：克氏原螯虾（*Procambarus clarkii*）。

英文名：Red swamp crayfish 或 Red swamp crawfish。

俗称：淡水小龙虾。

分布：原产地为墨西哥北部、美国南部，现分布范围很广，在美洲、非洲、欧洲、大洋洲、亚洲等均已为常见品种。

二、小龙虾的形态特征及生物学特性

（一）形态特征

小龙虾全身由头胸部和腹部共20节构成，有19对附肢，且甲壳坚硬（图1-1和图1-2）。

成熟的小龙虾甲壳呈暗红色或深红色，未成熟者甲壳呈淡褐色、黄褐色、红褐色，偶见蓝色。个体一般全长在4.0~12.0厘米。在武汉地区收集到的最大雄性个体体长14.2厘米，重101.7克；雌性体长15.3厘米，重119.9克。

（二）生活习性

小龙虾具有适温性、底栖性、穴居性、趋水与逃逸性、好斗与再生性、蜕壳性、杂食性、抱卵性等特性。

图 1–1　小龙虾

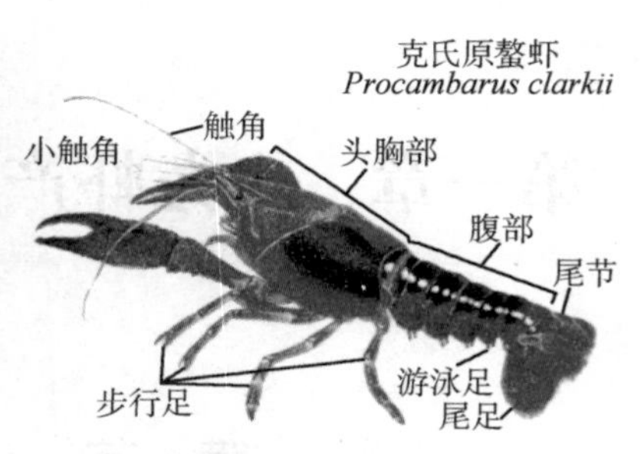

图 1–2　小龙虾身体结构

1. 适温性

小龙虾具有较广的适宜生长温度，在水温为 10～30℃时均可正常生长发育。也能耐高温严寒，可耐受 40℃以上的高温，也可在气温为–14℃以下的情况下安然越冬。小龙虾生长迅速，在适宜的温度和充足的饵料供应情况下，经 2 个多月的养殖，即可达到性成熟，并达到商品虾规格。通常情况下，雄虾生长快于雌虾，商品虾规格雄虾也较雌虾大。

2. 底栖性

小龙虾喜栖息于水草、树枝、石隙等隐蔽物中，昼伏夜出，不喜强光。在正常条件下，白天多隐藏在水中较深处或隐蔽物中，很少活动，傍晚夕阳后开始活动，大多聚集在浅水边爬行觅食或寻偶（图 1–3）。若受惊吓，迅速逃回深水中。小龙虾多喜爬行，不喜游泳，觅食和活动时向前爬行，受惊或遇敌时迅速向后弹跳躲避。

3. 穴居性

小龙虾喜掘洞、善掘洞。大多数洞穴的深度在 50～80 厘米，占测量洞穴的 70%左右，部分洞穴的深度超过 1 米，试验者测量到最长的一处小龙虾洞穴达 2 米。通常情况下，横向平面走向的小龙虾洞穴才有超过 1 米以上深度的可能，而垂直纵深向下的洞穴一般都比较浅。小龙虾的掘洞速度很快，将其放入一个新的生活环境中尤为明显。在小龙虾试验池中，放入小龙虾经一夜后观察，在沙质土壤条件下，大部分小龙虾所掘的新洞深度超过 30 厘米（图 1-4）。

图 1-3　小龙虾在浅水边爬行觅食

图 1-4　小龙虾的洞穴

小龙虾掘洞的洞口位置通常选择在水平面处，但这种选择常因水位的变化而使洞口高出或低于水平面，故而一般在水面上下 20 厘米处，小龙虾洞口最多。但小龙虾掘洞的位置选择并不很严格，池埂、水中斜坡及浅水区的池底部都有小龙虾洞穴，较集中于水草茂盛处。

小龙虾到繁殖季节喜掘穴。洞穴位于池田水面以上 20 厘米左右，深度达 60~120 厘米，内有少量积水，以保持湿度，洞口一般以泥帽封住，以减少水分散失。

4. 趋水与逃逸性

小龙虾有很强的趋水流性，喜新水、活水，逆水上溯，且喜集群生活。在养殖水域中常成群聚集在进水口周围。下大雨时，小龙虾可逆向水流上岸边作短暂停留或逃逸，水中环境恶化缺氧时也会爬上岸边栖息。如果水质特别不良，小龙虾一旦上岸、上草，就再也不下水，造成因鳃丝缺少水分，不能呼吸而死亡。因此，养殖时要注意调节水质并有防逃的围栏设施。

5. 好斗与再生性

小龙虾生性好斗，在饲料不足或争栖息洞穴时，往往出现凌强欺弱、欺小怕大现象。幼体的再生能力强，损失部分在第二次蜕皮时再生一部分，几次蜕皮后就会恢复，不过新生的部分比原先的要短小。这种自切与再生行为是一种保护性的适应。

6. 蜕壳性

同许多甲壳类动物一样，小龙虾的生长也伴随着蜕壳。小龙虾蜕壳时，一般寻找隐蔽物，如水草丛中或植物叶片下（图 1–5）。蜕壳后最大体重增加量可达 95%，一般蜕壳 11 次即可达到性成熟，性成熟个体可以继续蜕皮生长。小龙虾寿命不长，通常为 1 年。但在食物缺乏、温度较低和比较干旱的情况下，小龙虾寿命可延长为 2~3 年。

小龙虾是通过蜕壳实现生长的，蜕壳后的新体壳于 12~24 小时硬化。在水温 25~30℃ 条件下，饲养 6~8 个月，体重可达 60~150 克。龙虾生长的总趋势：从孵化后到体重 20 克这一阶段内，生长速率是加速度的；在达到 50~100 克的阶段，其生长速率保持在相对稳定的水平；超过这个阶段，生长速率便呈下降的趋势，小龙虾通过蜕壳而生长，但是应当重视蜕壳必须具备 3 个条件：良好的水草、水质环境（图 1–6）；丰富且营养的食物；适宜的水温。

7. 杂食性

自然环境下，小龙虾属于偏动物性杂食动物，在河底比较喜欢吃已经死亡的小鱼或者其他水中生物。主要食植物类、小鱼、小虾、浮游生物、底栖生物等。

8. 抱卵性

小龙虾受精卵黏附于雌体腹肢进行胚胎发育（图 1–7），5~8 周后孵化出幼体。受精卵发育速度与水温高低有关，温度高时，孵化时间短。

图 1-5　小龙虾在水草丛中或植物叶片下蜕壳

图 1-6　良好的水质环境

图 1-7　小龙虾受精卵黏附于雌体腹肢

三、小龙虾常规养殖模式

通常情况下，小龙虾的养殖模式有以下几种，见图 1-8、图 1-9。

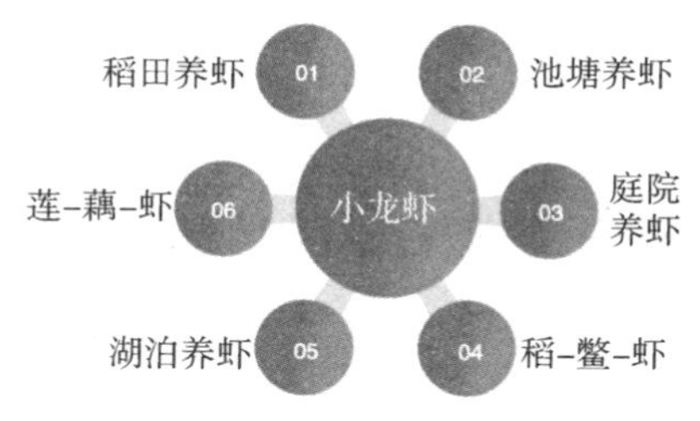

图 1-8　小龙虾常见养殖模式

图 1-9　小龙虾常见养殖模式实例

第二节　小龙虾产业形势分析

我国常见的小龙虾生活于长江中下游各水体中。其营养丰富、肉味鲜美，堪称低脂肪、高蛋白的健康水产品，因此形成了养殖小龙虾的热潮，出现了产业规模化效应。

小龙虾能生活在多种类型的水体中，创新了多种养殖模式，如稻-虾、莲-藕-虾、芡实-虾、菱-虾、鱼-虾等生态种养或混养模式。

虽说我国发展小龙虾养殖业速度很快，然而，小龙虾人工养殖技术水平不平衡。进入养殖小龙虾这个行业的人80%都是没有养殖过小龙虾的。有一部分人能赚到钱，有一部分人亏损。总结亏损原因有以下几个方面。第一，选择养殖场地不对，有的在沙壤土稻田或者水源不足的地方进行养殖。第二，对小龙虾这个野生物种的生物学特性不了解，养殖时不能满足小龙虾生活习性的需求。第三，养殖技术、养殖管理不能到位。第四，在投入上舍不得支出或只投喂单一饲料，调水产品、肥水产品没有做到位。第五，盲目扩张流转大面积稻田，带来粗放管理。因此，对小龙虾生物学特性、养殖技术的推广普及显得尤为重要。第六，养繁一体模式产量不稳、规格小，种质退化的问题越来越严重。第七，单纯的稻-虾种养模式，其水、肥利用还是不够充分，而将鱼沟养鱼与稻-虾模式结合，将会有更大的资源共用与转化，经济效益更高。

小龙虾养殖是助力产业扶贫、乡村振兴、稳粮增收的重大举措。稻-虾、稻-鱼、稻-蟹、稻-鳖等种养模式，是我国稻渔综合种养的主要模式，是当前正大力推广的绿色健康种养模式。

一、示范推进，合规发展

这几年，全国涌现出一批稻渔综合种养专业合作社和家庭农场，产生了示范带动效应。严格按照《稻虾综合种养技术规范通则》合规发展，提高社会效益、经济效益。

二、规划指导，政策支持

力争取得政府部门的政策支持，将稻渔综合种养作为强农富民重要措施。完善政策体系、支持稻虾综合种养产业持续发展。

三、产业规模大，餐饮服务业比养殖业更赚

据《中国小龙虾产业发展报告（2020）》测算，2019 年中国小龙虾产业总产值达 4 110 亿元，同比增长 19.28%。其中，小龙虾养殖业产值为 710 亿元，第二产业加工业产值约 440 亿元，第三产业餐饮、服务业产值约 2 960 亿元。第三产业餐饮、服务业产值远远大于养殖业产值。

四、小龙虾养殖业情况

2019 年，全国小龙虾养殖总产量达 208.96 万吨，养殖总面积达 1 929 万亩（1 亩≈667 米^2，1 公顷＝15 亩，全书同），同 2018 年相比，分别增长 27.52%和 14.80%（表 1-1）。

从测算情况看，全国小龙虾养殖主产区集中在长江中下游地区（表 1-2）。

表 1-1　2019 年全国小龙虾养殖产量前 10 名的省份情况

序号	省份	2019 年产量（吨）	2018 年产量（吨）	2019 年比 2018 年增加量	
				绝对量（吨）	幅度（%）
1	湖北	925 005	812 435	112 570	13.9%
2	安徽	349 750	217 546	132 204	60.8%
3	湖南	306 777	237 591	69 186	29.1%
4	江苏	204 394	166 777	37 617	22.6%
5	江西	133 492	110 214	23 278	21.1%
6	河南	58 207	31 661	26 546	83.8%
7	山东	40 006	32 493	7 513	23.1%
8	四川	34 037	14 813	19 224	129.8%
9	浙江	18 168	5 814	12 354	212.5%
10	重庆	81 59	4 835	3 324	68.7%
全国合计		2 089 604	1 638 662	450 942	27.5%

表 1-2　2019 年全国小龙虾养殖产量前 30 名的县（市、区）情况

排序	省	市（县、区）	养殖产量（吨）	排名变化情况
1	湖北省	荆州市监利县	150 078	—
2	湖北省	荆州市洪湖市	118 100	—
3	湖北省	潜江市	107 053	—
4	湖南省	益阳市南县	94 625	—
5	江苏省	淮安市盱眙县	80 032	—
6	湖北省	荆门市沙洋县	53 020	—
7	安徽省	六安市霍邱县	51 000	↑9
8	湖南省	岳阳市华容县	45 310	—
9	湖北省	荆州市公安县	43 172	↓2
10	湖北省	荆州市石首市	41 558	↓1
11	湖北省	黄冈市黄梅县	39 052	↓1
12	江苏省	宿迁市泗洪县	32 382	↑3
13	湖北省	天门市	29 728	↓2
14	湖南省	岳阳市临湘市	25 800	↓1
15	湖北省	仙桃市	24 127	↑11
16	湖北省	荆门市钟祥市	22 855	↓2
17	安徽省	安庆市宿松县	22 556	↑1
18	湖南省	益阳市沅江市	21 945	↑1
19	安徽省	合肥市长丰县	21 845	↑3
20	安徽省	滁州市全椒县	21 600	↑1
21	湖南省	岳阳市君山区	19 850	↓1
22	湖北省	黄冈市武穴市	18 326	↑2
23	湖南省	常德市汉寿县	17 822	—

（续表）

排序	省	市（县、区）	养殖产量（吨）	排名变化情况
24	湖北省	孝感市汉川市	16 989	↑3
25	江苏省	泰州市兴化市	16 584	↓8
26	湖北省	咸宁市赤壁市	15 201	↓1
27	湖北省	荆州市荆州区	15 090	↑3
28	湖北省	荆州市沙市区	14 589	↑1
29	湖北省	黄石市阳新县	14 513	—
30	湖南省	常德市安乡县	14 250	—

五、养殖面积和分布

2019 年，全国小龙虾养殖面积达 1 929 万亩，较 2018 年同比增长 14. 80%。按养殖方式分，稻田养殖面积 1 586 万亩，占小龙虾养殖总面积的 85. 96%，占比较 2018 年进一步扩大；池塘精养面积 80. 6 万亩，虾-蟹混养面积 124. 0 万亩，藕-虾套养面积 34. 1 万亩，其他 32. 1 万亩，分别占 4. 18%、5. 43%、1. 77% 和 2. 66%（图 1-10、表 1-3）。

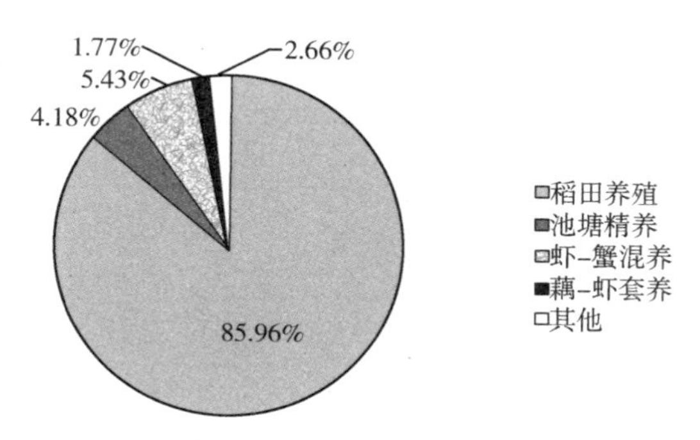

图 1-10　2019 年不同养殖方式面积占比

表 1–3　2019 年主产省份小龙虾养殖面积　　单位：万亩

地区	2019 年	2018 年	2019 年比 2018 年增加量	
			绝对量	幅度（%）
湖北	790	721	69	9.57
安徽	397	248	149	60.08
江苏	212	201	11	5.47
湖南	300	210	90	42.86
江西	151	103	48	45.60
合计	1850	1483	367	24.75

六、加工流通及国际贸易情况

2019 年，中国小龙虾二三产业发展迅猛，湖北、江苏等省开局早、发展快、规模大、产业链全。在小龙虾加工上形成了一批加工能力强的企业，2019—2020 年小龙虾市场价格起伏大，对小龙虾养殖产业有较大影响。因受国际贸易波动制约，2019 年小龙虾出口量维持低位，出口额下降，而国内市场仍然有所增长（表 1–4）。

表 1–4　2019 年各省规模化小龙虾加工厂情况

省份	规模化加工厂数量（个）	加工量（万吨）
湖北	51	58.54
湖南	13	7.77
江苏	26	5.40
安徽	14	3.50
江西	6	5.00
山东	2	0.31
浙江	1	0.20

根据海关数据显示，2019 年，我国大陆地区共出口冷冻小龙虾或虾仁 1.49 万吨，同比增长 49%，但与 2012—2017 年的出口量相比仍低很多；出口额 1.68 亿美元，同比减少 10.64%，出口单价总体仍在下降。主要出口贸易伙伴集中在北美和欧盟地区，排前三位的出口国分别是美国、丹麦和荷兰，出口额之和达 1.28 亿美元，占我国小龙虾出口额的 75.2%。

七、区域品牌

区域品牌情况见表 1-5、表 1-6。

表 1-5　“十三五”期间小龙虾区域公共品牌

省份	品牌	授予单位	授予时间
湖北	潜江龙虾	国家工商行政管理总局商标局	2018 年 2 月
	监利龙虾，2019 中国农产品百强标志性品牌	中国农业品牌年度盛典组委会	2019 年 7 月
	公安县闸口小龙虾，地理标志证明商标	国家工商行政管理总局商标局	2017 年 4 月
	公安县闸口小龙虾，中国稻渔生态种养示范镇	中国水产流通与加工协会	2018 年 4 月
安徽	合肥龙虾，农产品地理标志	农业农村部	2018 年 10 月
	霍邱龙虾，国家地理标志证明商标	国家知识产权局	2019 月 3 月
	全椒龙虾	国家工商行政管理总局商标局	2018 年 1 月
江苏	盱眙龙虾，入选中国农业品牌目录	农业农村部	2019 年 11 月
	高邮湖龙虾，地理标志证明商标	国家工商行政管理总局	2017 年 12 月
江西	都昌鄱湖小龙虾，地理标志证明商标	国家知识产权局	2018 年 9 月
	清水小龙虾之乡	中国渔业协会	2019 年 7 月

（续表）

省份	品牌	授予单位	授予时间
山东	鱼台龙虾，农产品地理标志	农业农村部	2011 年 11 月
	鱼台县，中国生态小龙虾之乡	中国渔业协会	2018 年 6 月
湖南	南县小龙虾，中国国家地理标志	国家质检总局	2017 年 12 月
	南县，中国生态小龙虾之乡	中国水产品流通与加工协会	2019 年 8 月
	华容小龙虾，地理标志证明商标	国家知识产权局	2020 年 1 月
	岳阳小龙虾，地理标志证明商标	国家知识产权局	2019 年 7 月

表 1-6　各地小龙虾节庆

地区	节庆名称
湖北	潜江龙虾节、监利龙虾节、洪湖龙虾节、远安县“远野风”亲子趣味钓虾大赛、赤壁市车埠镇龙虾节、大冶市龙虾文化旅游节、阳新县陶港镇官塘村龙虾美食节、“性灵公安卤虾节”
江苏	盱眙龙虾节、金湖县“中国龙虾第一锅”活动、邵伯龙虾美食节
安徽	合肥龙虾节、长丰龙虾旅游节和虾趣节、肥东稻虾垂钓节、合肥龙虾开捕节、洪河桥白集龙虾节、宣城市洪林龙虾节、安庆市桐城双港龙虾节、安庆市潜山油坝乡龙虾节、霍邱生态龙虾美食节、舒城县龙虾节、金安皖西美食（泉水小龙虾）文化节、中国安徽（六安）龙虾节、滁州市醉美龙虾节、中国定远龙虾节、全椒县采桃旅游龙虾美食节、全椒隆平龙虾节、和县善厚龙虾节、蒙城县立仓镇龙虾荷花节、黄山区焦村镇稻虾美食节
江西	鄱阳湖龙虾节、泰和小龙虾文化旅游节、吉水龙虾美食文化节、阳县“庆丰收”农业观光旅游暨龙虾美食文化节
湖南	安乡县龙虾节暨湘西北地区特色农产品博览会、金盆龙虾美食节、常德小龙虾美食之夜、资阳区茈湖口镇龙虾美食节、银鱼农业小龙虾丰收节、南县小龙虾捕捞节
	岳阳龙虾节、中国农民丰收节望城系列活动
山东	鱼台龙虾节、微山湖小龙虾美食节

（续表）

地区	节庆名称
浙江	浙江农业之最——小龙虾擂台赛、嘉兴市“龙虾王争霸赛”、湖州小龙虾精酿啤酒节——虾客大会、海盐县“稻田龙虾节”
四川	崇州小龙虾节、雁江小龙虾节、江油小龙虾节、开江小龙虾节、新津小龙虾节

第三节　小龙虾的综合利用与食品加工

一、小龙虾的综合利用

1. 甲壳素的利用

小龙虾的综合用途很多（图 1-11），尤其是甲壳素的利用。

（1）甲壳素的概念。甲壳素（Chitin）又名甲壳质，几丁质、壳多糖、壳蛋白，是自然界第二大丰富的生物聚合物，仅次于植物纤维。

图 1-11　小龙虾加工现场

（2）甲壳素的化学结构。化学式为（$C_8H_{13}NO_5$）$_n$，单体之间以 β（1→4）糖苷键连接，分子量一般在 106 道尔顿左右，理论含氮量 5.9%，被认为是自然界中含氮量最高的天然资源。其分子结构特点为氧原子将每个碳原子的糖环连接到下一个糖环上，侧基团“挂”在这些环上。甲壳素分子化学结构与植物中广泛存在的纤维素非常相似，所不同的是，若把组成纤维素的单个分子——葡萄糖分子第二个碳原子上的羟基（—OH）换成乙酰氨基（—$NHCOCH_3$），这样纤维素就变成了甲壳素，从这个意义上讲，甲壳素可以说是一种可食性的动物性纤维。甲壳素有α、β、γ共3种晶型，其中，α–甲壳素的存在最丰富，也最稳定。由于大分子间强的氢键作用，导致甲壳素成为保护生物的一种结构物质，结晶构造坚固，一般不熔化，不溶于水，也不溶于一般的有机溶剂和酸碱，仅溶于浓盐酸、磷酸、硫酸、乙酸等，其化学性质非常稳定，应用有限。

（3）甲壳素的提取工艺见图1–12。

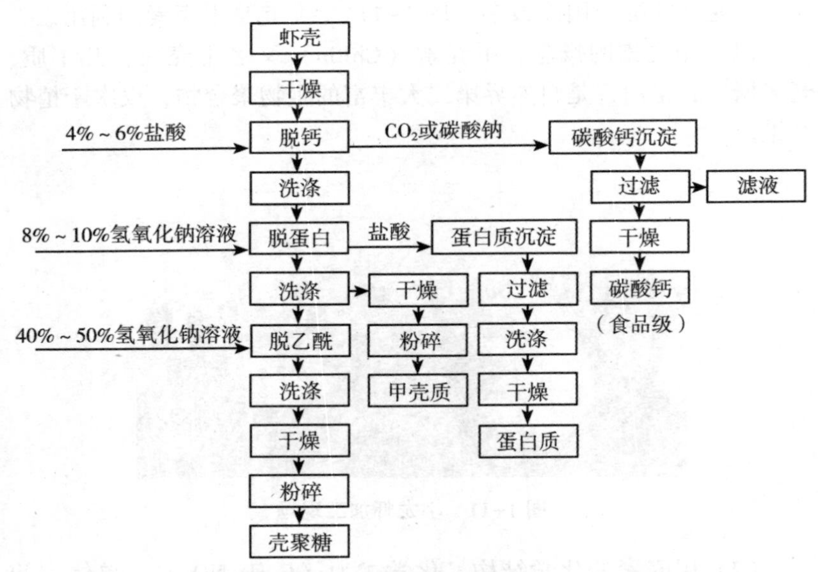

图1–12　典型的甲壳素和壳聚糖制备工艺流程（陆剑锋等，2005）

（4）甲壳素的人体功效。①强化免疫功能，对癌症有抑制作用。②具有排出有毒、有害物质于体外的作用。③具有降血糖、降血脂、降血压的作用。④具有强化肝脏机能的作用。肝脏是人体最大的腺体，具有多样的代谢功能。⑤具有活化细胞、抑制老化、恢复各个器官功能的作用。⑥调节自律神经，促进末梢循环。

（5）甲壳素的医用价值。甲壳素来源于生物体结构物质，与人体细胞亲和性强，可被机体内的酶分解吸收且无毒性和副作用；它还具有良好的吸湿性、纺丝性和成膜性，被广泛地作为一种优良的生物医学、药学材料开发应用。

（6）甲壳素的环保用途。20 世纪 80 年代以来，塑料被广泛应用于生产及生活的诸多领域，但是其很难被自然降解，给环境带来了严重的“白色污染”。同时，随着社会的进步，各种污染物的处理也成为另人头痛的问题。科学家研究发现甲壳素是一种新型环保材料，有望成为塑料的替代物。其环保用途如下。①理想的制膜材料。②废水处理吸附剂。③污水处理絮凝剂。④饮用水的净化剂。

（7）甲壳素的食品工业用途。甲壳素以其稳定性、保温性、成膜性、凝胶性、絮凝性、生物安全性和生物功能性等优良特性而在食品工业中有着广泛的应用。其工业用途如下。①增调剂和絮凝剂。②保水剂和乳化剂。③食品保鲜剂。④不溶于水可食性薄膜。⑤功能性甜味剂。⑥功能食品的理想添加剂。

（8）甲壳素的化学工业用途。甲壳素在化学工业上用途广泛。①在化妆品中的应用。②在纺织、印染、造纸方面，可用于纺织品的防皱和防缩处理；直接染料或硫化染料的固色；涂料印花的固着。③化工催化剂。④涂料添加剂，如木材的胶合及防雨篷布的上浆等。⑤色谱分离用吸附剂。⑥稀有金属富集剂。⑦农业方面的应用。⑧在烟草工业中的应用。

2. 其他综合利用

（1）虾调味料酶解制备工艺流程见图 1–13。

（2）氨基葡萄糖盐酸盐制备工艺流程见图 1–14。

（3）类脂、蛋白质和无机盐提取工艺流程见图 1–15。

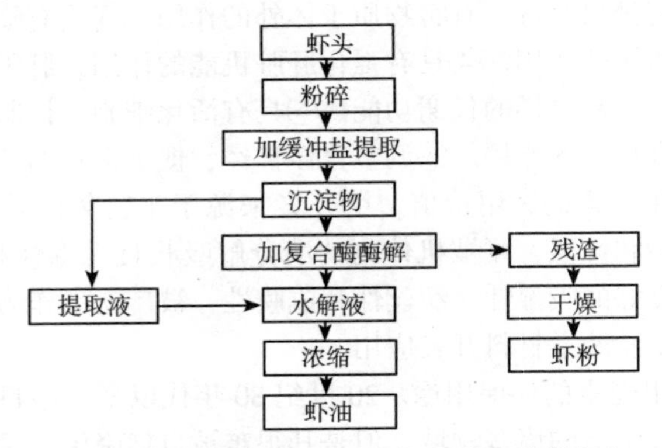

图 1-13 虾调味料酶解制备工艺流程（罗梦良和钱名全，2003）

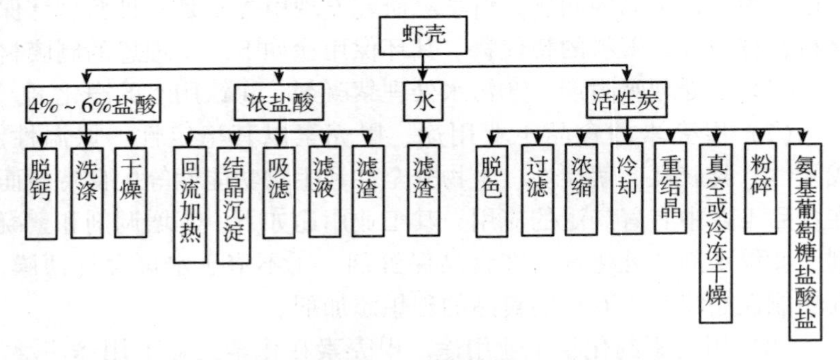

图 1-14 氨基葡萄糖盐酸盐制备工艺流程（罗梦良和钱名全，2003）

（4）虾青素的制备工艺流程见图 1-16。

二、小龙虾的食品加工

1. 小龙虾冷冻加工工艺流程

（1）冻熟带黄小龙虾仁加工流程见图 1-17。

（2）冻煮水洗小龙虾仁加工流程见图 1-18。

（3）冻熟汤（配）料整肢小龙虾加工流程见图 1-19。

2. 整肢小龙虾加工

整肢小龙虾加工工艺流程见图 1-20。

3. “虾春卷”加工

目前以小龙虾为原料加工商品化的“虾春卷”产品较少，但可以参考对虾“虾春卷”的制作工艺，其主要加工工艺流程见图 1-21。

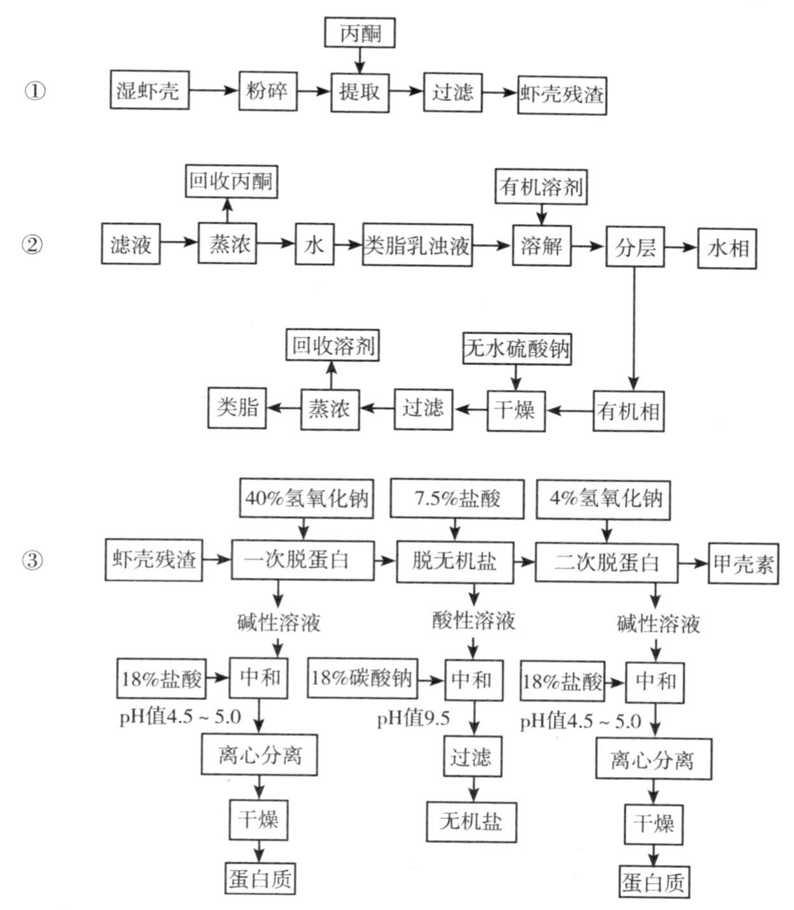

图 1-15　类脂、蛋白质和无机盐提取工艺流程（夏士朋，2003）

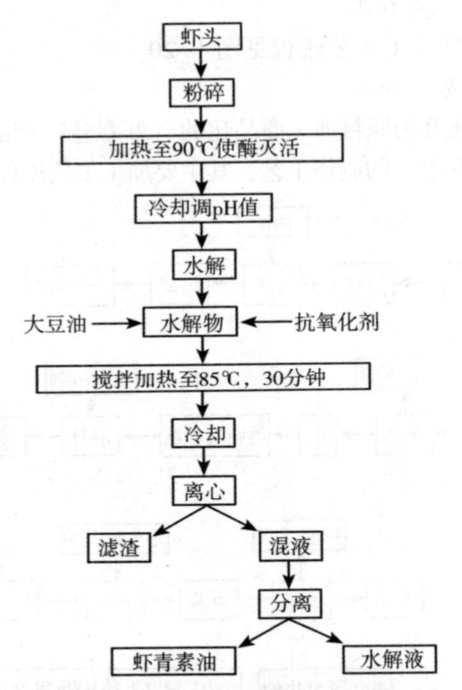

图 1-16　虾青素的制备工艺流程（薛长湖等，1993）

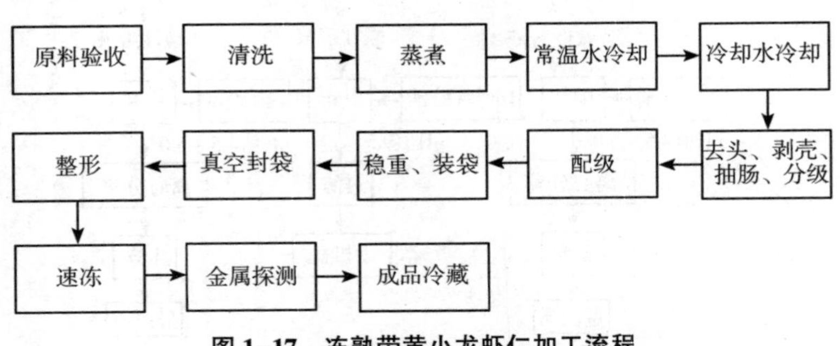

图 1-17　冻熟带黄小龙虾仁加工流程

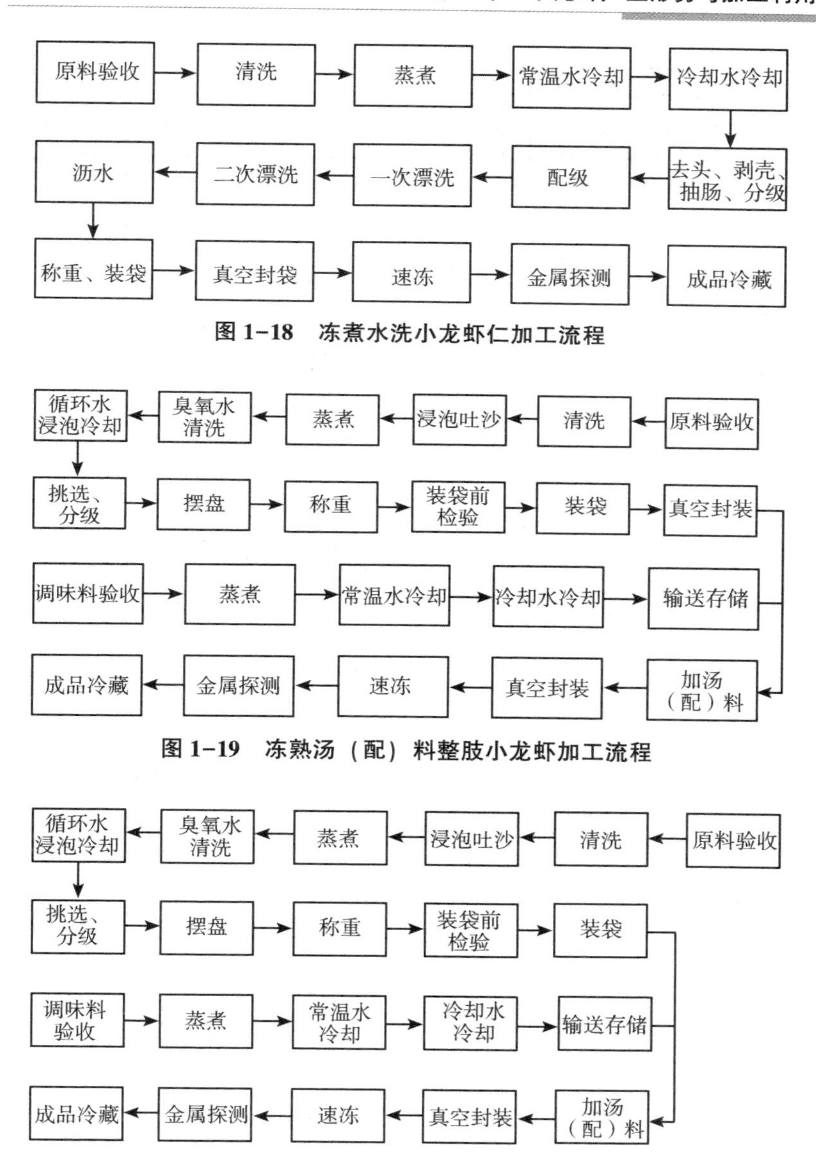

图 1-18　冻煮水洗小龙虾仁加工流程

图 1-19　冻熟汤（配）料整肢小龙虾加工流程

图 1-20　整肢小龙虾加工工艺流程

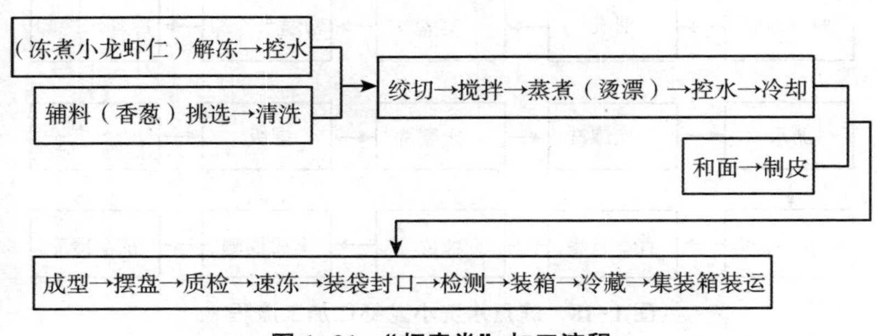

图 1–21 “虾春卷”加工流程

第二章　鱼沟养鱼模式

鱼沟养鱼模式主要是指在稻田边的鱼沟中养殖投饲性鱼类，这类鱼食物来源为人工商品饲料。养殖对象是生长快、经济价值高、适合高密度养殖的鱼类。由于投饲量大，鱼类排泄物多，形成的养殖尾水可通过鱼沟与稻田连通的管道，循环交换水体，供稻田的水稻、水草、藻类吸收尾水中的有机物。鱼沟养鱼模式是稻–虾–鱼综合种养模式中最重要的增产增收环节。

第一节　草鱼养殖

草鱼适合鱼沟中养殖，食量大、生长快、产量高，近期来鱼价涨高。其养殖尾水是水稻、水草、藻类的优质肥源。

草鱼养殖阶段划分（依据生长规格）见图 2–1。

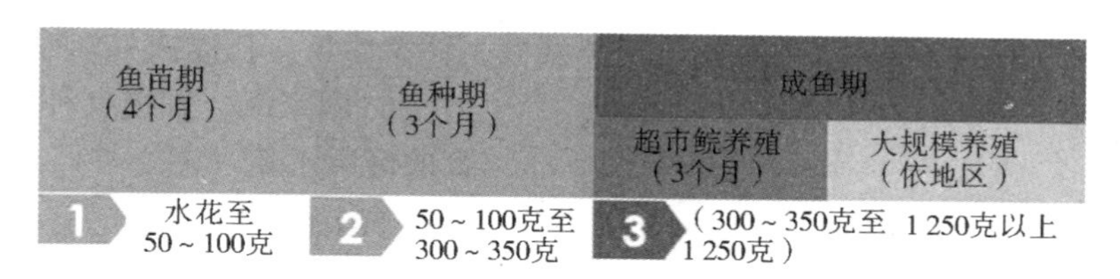

图 2–1　草鱼养殖阶段划分（依据生长规格）

注：水花是从受精卵孵出 3 天后的鱼苗。鲩是草鱼的别名，超市鲩为在超市销售的 1 000 克左右的草鱼。

一、鱼苗期（水花至100克）

草鱼开花流程见图2–2。

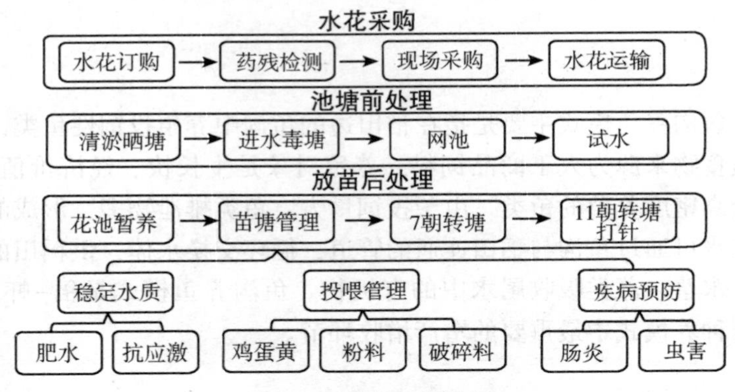

图2–2　草鱼开花流程

注：朝为用鱼筛选择鱼苗大小的长度单位，7朝的筛孔间距约为4毫米，11朝的筛孔间距约为10毫米。

（一）水花采购

1. 水花订购

订购水花种质要求如下。

（1）优质长江系草鱼花（测线鳞，体型修长，长速快）。

（2）国家级、省级良种场培育的健康水花（图2–3）。

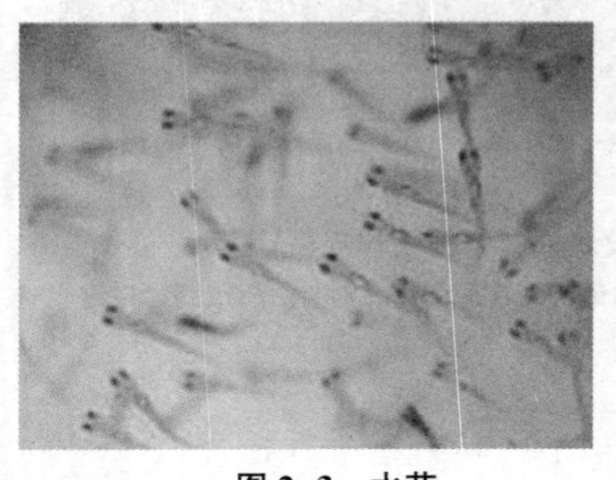

图2–3　水花

2. 药残检测

（1）检测违禁化合物，主要以孔雀石绿（终身残留）、氯霉素、呋喃类及其他农药化合物。

（2）水产品质量符合国家要求。保障食品安全，做放心水产品。

3. 现场采购

（1）采购数量。推荐 50 万尾/亩左右，苗塘一般 3~6 亩，水深 1 米，配置 1.5 千瓦增氧机 2~6 台。

（2）发育正常的苗。

4. 水花运输

（1）氧袋运输。10 万尾/袋。运输车辆内温度保持在 15~30℃，苗袋不得被阳光直晒。

（2）桶装打氧运输。近距离运输。

5. 标花苗池的选择

（1）面积为 3~6 亩。

（2）水深为 1 米。

（3）1.5 千瓦增氧机数量为 2~6 台。

（二）池塘前处理

1. 清淤晒塘

（1）清塘、晒塘处理。保留 10~20 厘米厚度的淤泥即可，防止返底、耗氧。

（2）晒塘。晒出裂缝，有利于氧化黑色底泥。

（3）底质调节（放苗前 15 天）。全塘泼洒石灰，80~100 千克/（亩·米①），其目的是碱化塘底、杀灭细菌及虫卵。

2. 进水毒塘

（1）池塘进水（放苗前 10 天）。60~80 目滤网双层过滤。

（2）毒塘（放苗前准备）。现在流行方案为清塘净 A 100 毫升/（亩·米），锚宁 100 毫升/（亩·米）。优点是省时、彻底、省成本。

3. 网池

（1）时间。网池放苗前 3 天。

---

① 亩·米：1 亩水域面积，1 米水深。

（2）网池目的。筛选出死苗及有问题水花，过滤杂质。

（3）网池大小。8 米×1.2 米×1.5 米。

（4）规格。150 目。

（5）要求。网池底离塘底 10 厘米不得拖底，池口离水面 20~30 厘米，网池内水深至少 1 米，用铁框与沙袋固定网池形态以免大风吹翻网池。

（6）增氧机。1.5 千瓦增氧机 2 台。

（7）增氧机位置。据网池 8~10 米处，保障有较平稳的浪流。

4. 试水

（1）时间。放苗前 1 天。

（2）试水成功率九成以上，方可落苗。

（3）活力判断。扎堆集群。放花水质标准见表 2–1。

表 2–1　草鱼水花下塘水质参数指标

环境参数	适宜指标	需处理的指标
pH 值	7.5~8.5	>8.5 或<7.5
pH 值日变化	<0.5	>0.6
溶氧	>4 毫克/升	<3 毫克/升
氨氢	<0.05 毫克/升	>0.05 毫克/升
亚硝酸盐	<0.1 毫克/升	>0.1 毫克/升
透明度	25~30 厘米	>30 厘米或<25 厘米

（三）放苗后处理

1. 水花暂养

（1）放苗前 2 小时，网池内外撒保肝宁或应激灵 200 克/（亩·米），防应激。

（2）单个网池放苗不得高于 200 万尾。

（3）苗袋恒温。放置塘内恒温 30 分钟，待水温接近放苗。

（4）放苗时氧袋置于网池内，袋口缓慢向下，防止水花粘在袋面，然后轻倒入池塘。

（5）放苗后每天早、中晚各清洗 1 次网池，保障网池通透性。

2. 苗塘管理

（1）水质管理。

肥水使用：苗种生物饵肥 2.5 千克/亩，提前 1 天在船舱中加水泡发 10 小时以上。鱼花下塘前 2 天开始外撒，持续 5 天。同时培育水蛛。

关键点：一是水质过肥，减少使用量和次数；二是水质过瘦，增加使用量和次数，可增加肥水 0.5~1 千克/（亩·米）及氨基酸益藻解毒剂 200~250 毫升/（亩·米）。

（2）投喂管理。

开花期饵料：熟蛋黄水或生豆浆、粉料（加水混匀）、粉料（成团）、破碎料。投喂管理见表 2-2。

表 2-2　苗塘投喂管理

养殖阶段	水花至 7~8 朝				
	花池	1~3 天	4~10 天	10~20 天	20~30 天
饵料	熟蛋黄（奶粉或牛奶）	水蛛	粉料	粉料+破碎料	破碎料
方式	入池当天不投喂，第二天用熟蛋黄用纱布在清水中搓散（奶粉用热水冲泡、牛奶兑水泼洒），当天下午投喂饱食后 30 分钟拆网	育苗生物饵肥，沿岸边 1.5 米抛撒	4~6 天，溶于水中，沿岸边 1.5 米泼洒；7~10 天，搓团沿岸边 1 米处以 1 米间隔 1 个	粉料：破碎料为 7：3，粉料和破碎料上午、下午各 1 餐，6 天后粉料继续搓团投喂，破碎料用投料机投喂	投料机
投喂时间	10:00，15:00				9:30，14:30
餐数	2 餐		2 餐	4 餐	2 餐
投喂率	1 个熟蛋黄（20 克奶粉或牛奶）每天喂 20 万苗	2.5 千克/亩	40%	30%	10%

（3）疾病预防。

①寄生虫（以车轮虫为主）。鱼苗阶段，易发生寄生虫感染。定期进行显微镜检查，查看寄生虫感染情况。放苗 15 天内，建议不要杀虫，以免鱼苗畸形率过高。推荐产品，车轮斜管净 500 克可用于 2~5 亩·米，车轮特杀 500 毫升可用于 3~4 亩·米。②肠炎。天气突变，鱼苗转料过渡阶段，应激大。体质差，水温较低，吃料消化差。解决方案如下。一是内服产品，按照饲料重量拌三黄散 0.5%、肝肠宝 0.3%。盐酸多西环素按每千克鱼体重 20 克、保肝灵 200 克拌 40 千克鱼料。杀水蛛，鱼虫杀星 100 毫升、克虫 B1 100 毫升可用于 1~2 亩·米。

3. 转塘管理

转塘管理见图 2-4。

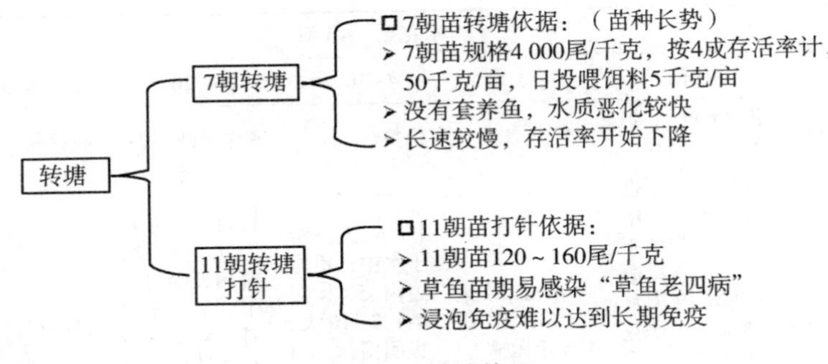

图 2-4　转塘管理

4. 7 朝苗管理

（1）7 朝苗投喂率见表 2-3。

表 2-3　7 朝鱼苗计划投喂率

规格	饲料型号	投喂时间	计划投喂率（%）	养殖时间（天）
7 朝	破碎料	8:00、10:30、14:30，3 餐，每餐 40~50 分钟	10	7
8 朝			9	7
9 朝			89	7
10 朝			7	7
11 期			6	7

（2）7朝转塘。水花放塘30天后，平均规格4 000尾/千克。转塘前，母塘（苗塘）停料1天。子塘放养密度为4万~5万尾/亩。

子塘的处理流程为转塘前10天用颗粒石灰10~15千克/（亩·米）全塘抛撒，撒石灰3天后进水1.5米，用悄悄杀0.1~0.15毫克/千克消毒。

（3）7朝苗养殖病害处理。7朝苗做好防虫，主要为车轮虫、锚虫和绦虫。

5. 11朝苗管理

（1）11朝转塘。①11朝转塘打针。7朝放塘50天后，平均规格120~160尾/千克。子塘放养密度1.2万~1.5万尾/亩。②风险可控点。备塘方法同7朝转塘。刮上的鱼苗在母塘和子塘都需要网池暂养，减少鱼苗刮网应激。防应激方案：刮鱼前后推荐使用产品——保肝宁、应激灵，便于快速补充糖类和维生素，恢复体力。

（2）11朝投喂率及溶氧。11朝鱼苗计划投喂率见表2-4。溶氧充足条件。每4亩1台增氧机，4:00—5:00开机，工作2小时。

表2-4　11朝鱼苗计划投喂率

规格	计划投喂率（%）
12朝	5
3寸	4.5
4寸	4
5寸	3.5
6寸	3
7寸	2

注：1寸≈3.33厘米。

（3）11朝苗塘病害防治。①11朝苗阶段需驱杀水蛛。苗种剂量酌减，鱼虫杀星每瓶100毫升可用于1~2亩·米、克虫B1每瓶100毫升可用于1~2亩·米、克暴灵每瓶100毫升可用于2~3亩·米。②内服杀肠道绦虫。克虫灵，剂量为每千克鱼体用量0.2克拌饵，投喂5~7天。③根据鱼健康程度，可使用车轮斜管净

233~433 毫升/（亩·米），驱杀车轮虫、斜管虫等。④做好 11 朝转塘打针。打针次数为 2 次。第一针，11 朝转塘前在母塘网池打针，规格 120~160 尾/千克。第二针，11 朝转塘后 30 天，平均规格 80~100 尾/千克，打针后分规格转塘，保障后期。存塘鱼大小均匀，一次刮鱼产量高。疫苗选择草鱼四联免疫疫苗。注射方法为背部注射法。注意事项为人员调配、天气预报、操作巡查。

综上，鱼苗期（水花—7 朝—11 朝—100 克，周期 120 天左右）养殖时间见图 2–5。鱼苗期管理要勤肥水，增加溶氧（饲料蛋白含量低，氮、磷元素缺乏）；勤查虫，主要是车轮虫。

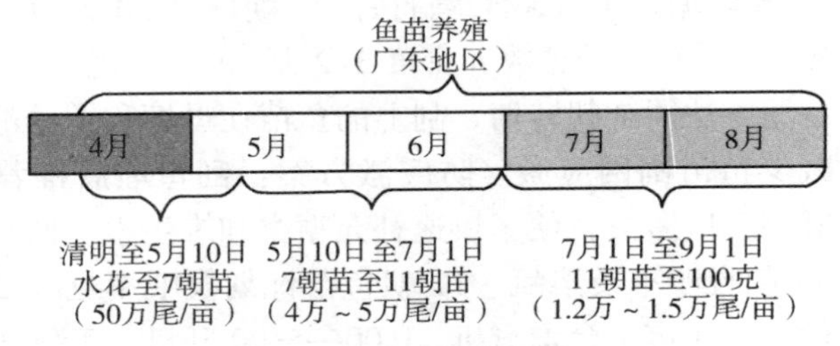

图 2–5　鱼苗期养殖时间

二、鱼种期（100~300 克）

1. 鱼种期时间

鱼种期（100~300 克，周期 90 天左右）养殖时间见图 2–6。水深 2~2.5 米，每 3 亩 1 台增氧机（叶轮机），每塘 1 台排水机。

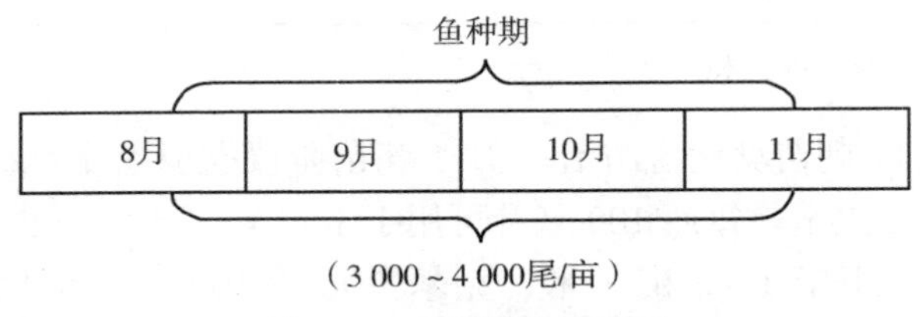

图 2–6　鱼种期养殖时间

2. 鱼种期管理

鱼种期管理关键点见表 2-5。

表 2-5 鱼种期管理关键点

项目	8 月	9 月	10 月
关键操作	出鱼	出鱼	出鱼
养殖阶段（克）	50~100	150~250	250~350
阶段目标	生长速度、体质强、出鱼顺畅		
存摄规格（克）	50~100	150~250	300~350
摄食率（%）	4.00	3.00	2.00
饲料粒径（厘米）	2.0	2.0	2.0
关键点	投饵率和规格大小差异		
对应措施	及时分筛，使鱼体规格一致		

3. 鱼种期病害防控

（1）勤杀水蛛。杀虫剂在苗种剂量酌减。①克虫 B1 每瓶 100 毫升可用于 2.5~4 亩·米+克暴灵每瓶 100 毫升可用于 2.5~4 亩·米；②鱼虫杀星每瓶 100 毫升可用于 3~5 亩。建议每 10 天 1 次，有效提高溶氧量，防治车轮虫、锚虫暴发。

（2）每月内服驱杀肠道绦虫（用杀虫灵每千克鱼体 0.2 克内服，连用 5~7 天）。

（3）底质改良。强力底净、底消净 100 克/（亩·米）抛撒、二溴海因 130~200 克/（亩·米）抛撒。

（4）检查指环虫。甲苯咪唑溶液 100 克/（亩·米），用 1 次。

（5）施肥调节水质。B 型肽肥、硅藻膏、氨基酸益藻解毒剂 2~3 千克/（亩·米）。

（6）内服产品。按照饲料重量拌三黄散 0.5%、肝肠宝 0.3%。盐酸多西环素按每千克鱼体重 20 毫克、保肝灵 40 千克拌 200 克配拌鱼料。预防肠炎、肝胆综合征。

三、超市鲩养殖（300~1 250 克）

1. 超市鲩养殖时间

超市鲩养殖（周期 90~120 天）时间见图 2–7。保证正常投喂率，每 5~6 亩 1 台 2.2 千瓦增氧机，外加 2 台排水机（排水机在天气闷热季节，增加溶氧量明显多于叶轮式增氧机）。

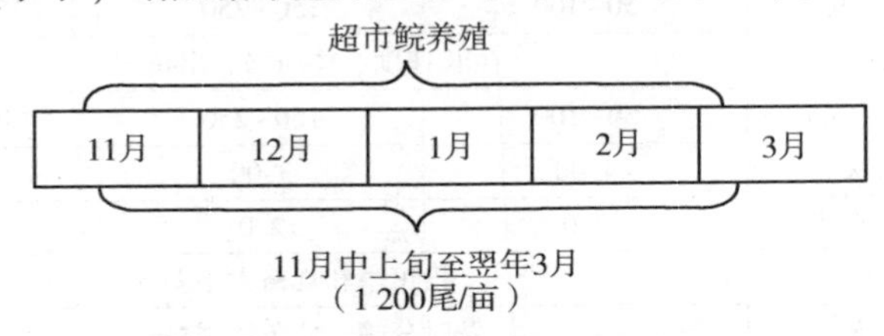

图 2–7　超市鲩养殖时间

2. 超市鲩养殖关键点（表 2–6）

（1）溶氧量。

（2）氨态氮、亚硝酸盐含量。注意光合细菌、芽孢杆菌数量。

（3）泛底。二溴海因、底消净、强力底净用量均为 100~200 克/（亩·米）。

（4）易感寄生虫。指环虫、锚虫、绦虫。

（5）水质调节。调节 pH 值、调透明度。

（6）注意肝胆综合征。内服下列 2 组方案。①内服产品。按照饲料重量拌三黄散 0.5%、肝肠宝 0.3%。盐酸多西环素按每千克鱼体重 20 毫克、保肝灵 200 克拌 40 千克鱼料。②肝肠宝+保肝宁+氟苯尼考按 0.5%拌料。

表 2–6　超市鲩养殖关键点

项目	4 月	5 月	6 月	7 月	8 月	9 月	10 月	11 月	12 月
关键操作	出鱼、放苗	投喂	投喂	投喂	出鱼	出鱼/补苗	出鱼/投喂	投喂	投喂
养殖阶段	第一批						第二批		

（续表）

项目	4月	5月	6月	7月	8月	9月	10月	11月	12月
阶段目标	生长速度								
存摄规格（克）	250	350	500	600	750	850/500	350/850	450	550
摄食率（%）	3.0	3.0	3.0	3.0	2.5	2.5	2.5	2.0	1.6
饲料粒径（厘米）	2	2	2.0/2.8	2.8/3.0	2.8/3.0	2.8/3.0	2.8/3.0	2.8/3.0	2.8/3.0

四、大规格养殖（1 250 克以上）

1. 大规格养殖时间

大规格养殖（周期 90～120 天）见图 2-8。保证正常投喂率最为关键。

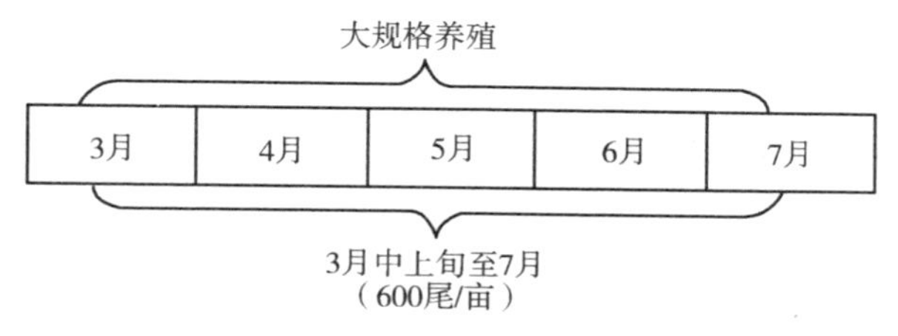

图 2-8　大规格养殖时间

2. 大规格商品鱼养殖关键点（表 2-7）

（1）溶氧量。

（2）泛底。二溴海因、底消净、强力底净用量均为 100～200 克/（亩·米）。

（3）水质调节。调节 pH 值、调透明度。

（4）最易暴发的疾病。绦虫病、锚虫病、肝胆综合征。

（5）冬季水霉病的预防。霉菌清用量为 60～100 克/(亩·米)。水霉净用量为 60～80 毫升/（亩·米）。

表 2-7 大规格养殖关键点

项目	1月	2月	3月	4月	5月	6月	7月	8月	9月	10月	11月	12月
关键操作	放苗	—	—	—	—	—	卖鱼 补苗	—	—	—	—	卖鱼 清塘
养殖阶段	第一批						第二批					—
存摄规格（千克）	1	1.15	1.35	1.65	2.1	2.5	1/2.5	1.6/3.0	2.25/3.4	2.85/3.75	3.45/4.0	—
摄食率（%）	1.50	1.50	2.00	2.50	3	2.50	2.50	2.50			2.50	—
饲料粒径（厘米）	5.5~6.0											
主要问题	草鱼“老三病”：寄生虫病、吃料慢、水质不稳											
防治方案	投料多，水质恶化较快。①定期换水；②底消净消毒改底；③补苗，分解残饵粪便，提高营养鱼产量；④强化内服，拌料三黄散、保肝宁等提高免疫力；⑤打样查虫，针对性杀虫（锚虫、绦虫）											

五、养殖模式示例

套养模式是养殖场获得盈利的核心，也是各大养殖场一致探索的方向。

表 2-8 为广东某养殖场的成熟养殖模式。

表 2-8 养殖模式示例

养殖品种	养殖密度（尾/亩）					
	鱼苗养殖			鱼种养殖	统鲩养殖	大鲩养殖
	鱼花至7/8朝	7/8朝至11朝	10~100克	100~300克	300~1 100克	1 250~2 500克
草鱼	50万	4万~5万	1.2万~1.5万	3 500~4 000	1 300	600
大头	—	—	300	150	60	30
鲫鱼	—	—	—	500	500	500
鲮鱼	—	—	1万	2 000	3 000	3 000
青鱼	—	—	—	—	10	10
黄颡鱼	—	—	—	500	500	500

第二节　鲈鱼养殖

鲈鱼刺少味美，鱼价稳定，适合鱼沟中养殖，产量高、生长快、易捕捞。其养殖尾水也是水稻、水草、藻类的优质肥源。

鲈鱼价格高，每千克40多元。那是因为鲈鱼肉质鲜嫩，刺少，老少咸宜，堪比鳜鱼，更因为鲈苗娇贵，特别难养，饲料价格高，而且病害多，技术要求高，易造成养殖失败。近年来，笔者长期参与在湖北、安徽两地的鲈鱼养殖工作，从室内工厂化培苗到池塘养殖，从水花到鱼种到成鱼，从孵化培育丰年虫、浮游动物饵料到运苗放苗、投喂饲料、防治病害，以及多口池塘进行鲈鱼养殖的全程工作，取得了较好的成效（图2-9、图2-10）。

一、养鲈要知鱼习性

加州鲈鱼学名大口黑鲈，为典型肉食性特种淡水鱼类，喜清净且有水生植物的水域。在池塘养殖中，喜欢沙质、不浑浊的静水环境，活动于中下水层，性情较驯，不喜跳跃，易捕捞。加州鲈鱼的适温范围广，在水温1~36.4℃时都能生存，10 ℃以上开始摄食，最适生长温度为20~30℃，在我国的长江流域都能越冬；要求每升水溶氧量在1.5毫克以上；幼鱼爱集群活动，成鱼分散。pH值为6~8.5。水花阶段以丰年虫、浮游动物饵料为食，以后投喂配合饲料。鱼体规格不一、食物不足时容易自相残食。

二、鱼沟底平水质新

鱼塘一般都为比较规则的长方形或正方形，最适养殖面积为5~10亩，水深2.5米左右，要求池底平坦，沙泥底质，池岸牢固，水源清洁无污染，进排水方便。每个池塘最好配备增氧机1千瓦/亩（水车、轮式增氧机、涌浪机等搭配使用），同时放苗前水温要与苗种温度相近，防止应激过大。

图 2-9　鲈鱼

图 2-10　苗种阶段架设围网和防鸟天网

三、苗种培育须细心

放养前准备工作。对池塘清淤并用悄悄杀、漂白粉杀灭敌害生物。多用益生菌、施生物肽肥培养基础天然饵料。

加州鲈鱼的驯苗模式尤为关键。刚孵出的鱼苗体近白色半透明，全长 7~8 毫米，集群游动。出膜后第三天卵黄吸收完后即开始摄食丰年虫、小球藻、轮虫，以后摄食小型枝角类、桡足类等浮游生物。在土塘培育水花的过程中，由于前期饵料限制，建议培育水花的密度控制在 5 万~10 万尾/亩，如果饵料充足，可放 20 万尾/亩，水深控制在 1.2 米左右最佳，3~5 亩的池塘就需要配备 0.75 千瓦的水车，料台前面设 7~10 米^2 的围网。在培育水花时，当发现有水花漂浮水面，同时底部基本没有浮游动物时，就可以投喂浮游动物，否则容易导致自相残食，可备池塘培育浮游动物，“培虫”方法可使用生物肽肥 3 千克/（亩・米）兑水稀释后全池泼洒，连用 3 天，“培虫”不足时可再按以上方法培育，使用抽水机在排水口进行收集，用不完的虫可以放于冰箱进行冷冻。当池塘中水花减少，不足以提供充足的食物时进行驯化，驯化时“鱼虫”的比例逐渐减少，饲料（驯化料为虫菌发酵料）比例从 20%逐渐提高到近 100%，7~10 天可完成驯化（鱼苗由 1.5 厘米增长至 4~

5 厘米)，驯化 7～10 天进行过筛。筛过的鱼苗过塘进行人工养殖，过筛时，先停料 1 天，筛完后再消毒，可使用聚维酮碘消毒数分钟，余下还达不到规格的鱼苗可继续按照前面的方法进行驯化，直到全部达到下塘养殖规格（7～8 厘米)，放养塘如果是 10 亩的养殖塘，可用网隔出来 1～2 亩的养殖区域，将鱼苗暂养 15 天再放开。选择健康优质的种苗，可以提高育苗成活率和提高仔鱼活力和健康指数，从而为后期的成鱼养殖提供可靠的保障，使加州鲈鱼养殖效益提高。一方面要选择不携带病毒的种苗，因为苗种不携带虹彩病毒，养殖中后期不易因加料出现问题；另一方面选择同一批次的苗种，避免鲈鱼自相残食。

四、放养苗种应认真

放苗时间：选择晴天放苗，最好 3 天不下雨及天气不发生重大变化。

试水：放苗前 1 天进行，试苗时间需一夜，苗的成活率 90%以上。

放苗前 4～10 小时，全池泼洒有机酸碧水解毒宝，提前 2 小时泼洒应激灵。

鱼苗车到达塘边前，准备好所有的工具和下车的人员。

提前一晚上开增氧机（不能离鱼苗下塘处太近，太近冲力大)。

鱼车到塘边后，测池塘和苗车的水温，温差不能超过 2℃。先将鱼车内的水排掉 1/3，再使用池塘内的水加满；5 分钟后，再将鱼车内的水排掉 1/3，再用池塘水加满；5 分钟后就可以放苗。用少量鱼苗再次试水，看鱼苗是否能很快下水。

以上工作做完后，两人或四人（两个水箱同时打捞）在车上用密眼软舀打捞鱼，提鱼用的水桶一定要清洗干净，打鱼时用车上的水，鱼打捞一半左右时，可以站到水箱里面打捞。一定要带水，而且每桶鱼苗不超过 1.5 千克。一定小心操作，谨防伤鱼。

五、驯食多餐料要精

当天鱼苗下塘后，就可进行投喂，投喂率 0.5%左右，第二天和第三天日投饵量慢慢增加，第五天后可以加到正常的摄食量。要合理投喂饲料，鲈鱼饲料要选择营养全面、适口性好的饲料，缓慢过渡。先集中驯食 10 天左右（图 2–11），特别要抓紧 5 天内的二次驯食时间，驯好食后再放开围网。围网必须扎牢，防止鲈鱼外逃，鲈鱼一旦没有驯食好，就不会集中摄食，成为“野鱼”，生长很慢。

将鲈鱼过筛后按大小分池饲养，放养密度为每亩 2 500~3 500 尾，保持水深 1.5 米以上，池水肥度适宜，透明度 30 厘米，呈油绿色。每天投饲两次，主要饲料为浮性颗粒饲料，每千克饲料中添加肝肠宝 3~4 克、保肝宁 3~6 克、益生菌 30 毫升，日投饵量为在池鱼体重的 6%。每月用保肝宁、肝肠宝等拌饵料投喂 2 次，每次连喂 3 天。每天巡塘，在夜间或天气闷热、气压低时开机增氧，及时换水，保持池水清新。加州鲈鱼饲料为膨化料，蛋白 45%~47%，前期培水建议使用硅藻膏，当水温 20℃以上时，可以放苗，放苗时泼洒虾蟹应激灵，有效激活鱼苗期机体免疫力，提高对病毒、致病菌的抵抗力。一般幼鱼摄食量可达总体重的 10%，成鱼达 6%，一般在 100 克之前多数投喂 4 餐（6: 30、10: 30、14: 00、17: 00），100 克以上一般投喂 3 餐（早上 6: 30、10: 30、16: 30），等到 10 月出第一批鲈鱼后开始投喂 2 餐，过年前出第二批鲈鱼后可投喂 1 餐。投喂方式：“快—慢”，即刚开始鱼摄食快时投喂也快，到后面摄食减慢时投喂减慢，以不浪费无剩料为原则。加州鲈鱼摄食习性特别，投料机难以控制投喂节奏，容易造成浪费，目前投料机应用不多。投喂时采用均匀抛撒的方式，抛撒范围尽可能大一些。小鱼苗投喂前可开启水泵冲水吸引鱼群。

六、日常管理责任明

明确每天工作职责。每日都要巡视养鱼池，观察鱼群活动和水质变化情况，避免池水过于浑浊或肥沃，透明度以 30 厘米为宜。及时发现问题，采取措施解决。

严格防止农药、有害物质等流入池中，以免池鱼死亡。尤其是幼鱼对农药极为敏感，极少剂量可造成全池鱼苗死亡，必须十分注意。

投饲量要适当，根据存鱼量调整投饵率和数量，切忌过多或不足。

及时分级分疏，约 2 个月 1 次，把同一规格的鱼同池放养，避免大鱼吃小鱼。分养工作应在天气良好的早晨进行，切忌天气炎热或寒冷时分养。

注意定期拌喂药饵。

七、常态防治除疾病

鲈鱼在人工高密度养殖条件下容易发病，必须加强病害预防，定期对养殖池塘、食台进行药物消毒，发现疾病及早治疗。重点防治主要疾病，如寄生虫病、肠炎病、烂鳃病、出血病、水霉病、虹彩病毒病。最关键的是经常性加换新水，排出底层污水；水温在 20℃以上时，必须加强投饲，增强其体质，可使用肝肠宝（板黄散）、保肝宁配合拌料进行投喂，从而提高其抗病力、免疫力，只有这样鲈鱼才能少发或不发病，特别是可避免发生虹彩病毒病。

（一）寄生性疾病

1. 指环虫病

加州鲈鱼常见的一种寄生虫病，寄生虫主要寄生于鳃部，在 4—6 月感染率很高，感染数量不多，或常与其他病原如柱状黄杆菌、虹彩病毒等混合感染而出现复杂的病症导致病情加重。

（1）症状。寄生于体表和鳃上，破坏鳃丝和体表上皮细胞，刺激鱼体分泌大量黏液，鳃瓣浮肿，灰白色。

（2）防治。第一天，指环杀星或甲苯咪唑是驱杀指环虫的特效药，一次使用量为0.1~0.15毫升/米^{3}全池泼洒；第二天，杀毒灵，一次使用量为0.45~0.75毫升/米^{3}全池泼洒。

2. 车轮虫病

（1）症状。体表黏液增多，鳃组织腐烂，鱼体发黑。有时苗种出现“白头白嘴”现象或成群绕池狂游，需显微镜检查确诊。

（2）防治。第一天，水质保解毒剂，一次使用量为1~1.5克/米^{3}全池泼洒；第二天，车轮斜管净，一次使用量为0.6~0.7克/米^{3}全池泼洒；第三天，毒克，一次使用量为0.25~0.3克/米^{3}全池泼洒。

3. 锚头鳋病

（1）症状。病鱼体表或口腔处可见大型虫体（图2-12），寄生处充血发红，烦躁不安，食欲不旺，继而鱼体消瘦。

（2）防治。第一天，悄悄杀，一次使用量为0.03~0.05毫升/米^{3}全池泼洒；第二天，鱼安，一次使用量为0.125~0.2克/米^{3}全池泼洒。

图2-11 鲈鱼投饲时集中抢食

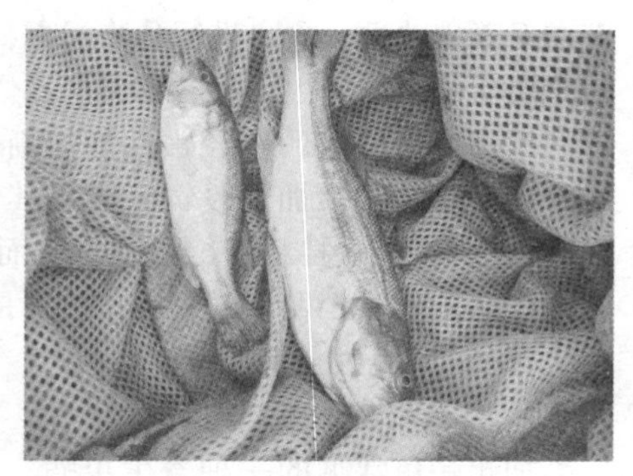

图2-12 小鱼胸腹部、口腔寄生有锚头鳋，头部溃烂

（二）细菌性疾病

主要是出血病、柱状黄杆菌病。

1. 防治细菌性疾病方法一

在天气变化时用聚维酮碘溶液——杀毒灵进行消毒，泼洒应激灵增强机体抗应激能力。治疗时内服药饵按照2‰的药料比，将氟苯尼考、盐酸多西环素拌饲料饲喂3~5天抑制细菌。鲈鱼饲料拌抗应激增强抵抗力的保健套餐5天以上，还要拌乳酸菌，保护肠道。使用增氧解毒剂和强力底净组合进行改底。

2. 防治细菌性疾病方法二

第一天，水质保护解毒剂，一次使用量为1~1.5克/米^{3}全池泼洒；第二天，毒克，一次使用量为0.25~0.3克/米^{3}全池泼洒；同时内服，出血宁（每1千克饲料添加7克）+保肝宁（每1千克饲料添加3~6克）+三黄散（每1千克饲料添加5克），三种药物同时拌饵投喂，每天2~3次，连用3~5天。

（三）真菌性疾病

主要为水霉病。入池后第二天根据鱼苗稳定情况及时用防治水霉的药物，主要用霉菌清0.06~0.075毫克/千克和杀毒灵0.7~1.2毫克/千克进行水体消毒。

八、事必躬亲体会深

养殖鲈鱼每个细节必须做到位，主要把握好活饵培苗、水质调控与加排水、要及时正确使用杀虫消毒内服药物防控病害、围网驯食并及时足量调整饵料量与料型、运输苗种前3天要对鱼苗进行杀虫消毒处理、刚进苗时架设天网防止鸟害等。

第三节　鳗鱼养殖

鱼沟养殖鳗鱼是成功的，鳗鱼饲料蛋白质很高，其养殖尾水更肥，是水稻、水草、藻类的优质肥源。

鳗鱼，别名白鳝、白鳗、河鳗、鳗鲡、青鳝、日本鳗。鳗鱼是指属于鳗鲡目分类下的物种总称，是一种外观类似长条蛇形的鱼类

图 2–13 鳗鱼

（图 2–13），具有鱼的基本特征。此外鳗鱼具有洄游特性。鳗鱼属鱼类，似蛇，但无鳞，一般产于咸淡水交界海域。鳗鱼的仔鱼体长 6 厘米左右，体重 0.1 克，但它的头狭小，身体高、薄又透明像叶子一般，所以称为“柳叶鱼”。它的体液几乎和海水一样，所以可以很省力地随着洋流长距离的洄游。从产卵场漂回黑潮暖流再流回海边大概要半年，在抵达岸边前 1 个月才开始变态为身体细长透明的鳗线，又称为“玻璃鱼”。它的性别受环境因子和密度的控制，当密度高、食物不足时会变成公鱼，反之变成母鱼。在河流中由于鳗鱼数量很少，所以大多是母鱼。

一、鳗鱼分布范围

鳗鱼主要分布在中国长江、闽江、珠江流域、海南岛等江河湖泊中。

常见的品种有欧洲鳗、美洲鳗、日本鳗、澳洲鳗、非洲鳗、印尼鳗。

二、鳗鱼养殖技术

（一）鳗鱼鳗苗放养

鳗鱼苗种培育就是把鳗苗养成 10 克以上鳗种的生产过程。这一阶段需要经过一级池、二级池、三级池三种不同类型池塘的培育。鳗种是成鳗养殖的基础，鳗种的数量和质量直接影响成鳗养殖的好坏。因此，要发展养鳗生产，首先必须抓好鳗鱼苗种的培育。

为了保证鳗苗培育工作的顺利进行，除做好上述一切准备工作外，还需抓好以下几个生产环节。

1. 鳗苗放养密度

由于养殖方式不同，鳗苗的放养密度也各不相同。一般止水式池放养密度以 150~300 克/米^2 为宜，流水池以 500~ 1 000 克/米^2 为宜。低密度放养成长较快，成活率高。

2. 鳗苗放养时间

由于鳗苗在水温 15℃以上才能正式开始摄食与生长，所以露天池培育鳗鱼苗种，以自然水温达到 13℃以上时放养较为适宜。这样，鳗苗经过短期暂养适应环境后，当水温上升时即可开食驯养。在广东、福建的鳗苗放养时间在 3 月初。

有加温条件或有温水供给的养鳗场，鳗苗的放养时间应尽量提早，这样可以延长饲养期，提高鳗种的产量和质量。

3. 鳗苗的计数和过秤

为了控制鳗苗的放养密度，在放养时必须计数，算出每个一级池放养的重量、规格和尾数。具体做法：先将网箱内的鳗苗轻轻搅匀，然后随机取样 2~4 次，每次称取 50 克，放在鳗苗捞网中用小碗或小勺过数，然后求出平均规格。最后算出每千克鳗苗尾数，从而得出平均规格。

4. 鳗苗对环境的适应

鳗苗经长途运输，处于疲劳状态，加上运苗容器内温度与池水温度差距过大（特别是加温培育池），故需有一个适应过程，具体做法：将鳗苗箱置于池边，逐渐用池水淋鳗苗箱，待鳗苗体温接近池水水温（一般不相差 5℃）时才将其放入事先置于池中的网箱内；如果用尼龙袋充氧运输，可先将尼龙袋连苗放入池中，待袋温接近池水温度时再拆袋将鳗苗放入网箱内。鳗苗一般暂养 30 分钟至 1 小时（开增氧机），待活动正常后撇除死苗、污物，分别过秤、计数放入各个鳗苗培育池内。

5. 鳗苗消毒

鳗苗体质娇嫩，在放养时必须进行消毒。消毒方法为药浴，一种是用容器进行药浴，一种是全池泼洒药浴。

（1）消毒步骤与方法。用容器药浴时，一般在大水缸中进行，故又称缸浴。具体做法：先在缸内盛清水300~400千克，然后按药物用量比例，先溶化在少量水中再倒入缸内，并开启曝气机进行曝气，不断搅动水，使药液均匀分布，然后称取5千克左右鳗苗浸入药液中药浴10~15分钟，即可取出鳗苗放养。全池泼洒药浴在傍晚进行，把药物溶解后直接泼洒在一级池中，开增氧机搅水，使药液均匀分布。

（2）消毒药物。常用的药物主要有亚甲基蓝和食盐。

（3）消毒时间。容器内药浴在鳗苗下池前进行；在鳗苗下池后的当天傍晚进行全池泼洒消毒。

（二）鳗鱼露天止水式养殖

露天止水式养殖是中国的主要养殖方式。鳗场的规模以50亩为宜。养殖设施主要包括鳗池、进排水系统和附属设施。利用江河、湖泊、水库及地下水作为水源。一般每天仅交换池水的1/10~1/7。主要依靠浮游蓝藻和水车或增氧机增氧，以改善水质。其优点是建池成本低、耗电省。缺点是产量较低，一般亩产仅1 000~2 000千克。

1. 养殖设施

（1）鳗池规格。鳗池可分一级池、二级池、三级池和成鳗池四种。鳗场中这些池子的比例分别为2∶8∶15∶75，即一个50亩水面的鳗场，一级池1亩，二级池4亩，三级池7.5亩，成鳗池37.5亩。这些池子的用途及规格如下。①一级池。用于鳗苗引食训练，并将鳗苗养到0.2克左右。面积为50~60米^2，池深0.8~1.0米，水深0.5~0.6米。②二级池。饲养体重0.2~2克的鳗种。面积为200~400米^2，池深1.2~1.5米，水深0.8~1.0米。③三级池。饲养体重2~20克的鳗种。面积为400~800米^2，池深1.4~

1.5 米，水深 1.0~1.2 米。④成鳗池。将体重 20 克左右的鳗种养成 150~200 克的食用鳗。面积为 800~1 200 $米^2$，池深 1.5~1.6 米，水深 1.0~1.2 米。

（2）鳗池形状与结构。各级鳗池的形状以圆形或正方形切去四角为好。根据鳗鱼善逃、难捕和对水质要求较高的特点，在结构上必须具备防逃、易捕和进排水方便的功能。池壁有用块石及砖浆砌、混凝土现浇和混凝土预制板拼切三种形式，四周池壁垂直光滑，壁墙高 0.8~1.6 米，壁顶用盖板“压口”，盖板伸向池内 5~10 厘米，堤面要高出水面 0.3~0.5 米。池底有锅底形和平底形两种，要求坚硬、不漏水。底铺 20 厘米厚石渣，耙平压实后，再铺 5 厘米黄沙，一级池还应用水泥砂浆抹底，以便收苗。锅底形的排水中设在池底中央最低处，平低形池底向排水口倾斜，进水口和排水口交叉相对。注水口设在池壁顶上，高出池塘最高水位 20~30 厘米，并伸向池内 30 厘米左右；排水口设在注水口对面，外围有三道闸门；第一道网闸起防逃作用，用不锈钢网或聚乙烯筛绢网，其网目，鳗苗池为 1~1.5 毫米，鳗种池为 1.5~2 毫米，成鳗池为 2~4 毫米。第二道板闸或暗箱，底部悬空，压出底层污水。第三道板闸，起溢水作用，使鳗池水位保持恒定。

鳗池对水质要求很高，不仅每个池子要求进排水系统分开，而且整个鳗场的进排水水源也必须严格分开。否则，会因鳗鱼粪便及大量微囊藻死亡而引起自身污染，导致鳗鱼严重死亡。

（3）食棚。鳗鱼喜欢在阴暗处摄食，应在向阳背风的池边搭设食棚（包括食台、食场和荫棚）。食场设在食台下面水底，上面铺设石渣或螺壳，要求结实平坦；食台上方搭荫棚。温室与露天池相结合的止水式养鳗，是克服自然条件不足，延长生长期的一种常年养鳗方法。温室养殖可以提早鳗苗的放养时间，达到提高成活率和快速生长的目的。露天池养殖可以利用广阔的水面，达到池塘高产的目的。温室养殖具有温度恒定的特点，若保持水质良好，投饲高质量的饵料，进行科学的管理，可保证鳗苗养殖的高产。

2. 温室养殖

将温室分三级池进行养殖，一级池鳗苗的放养密度 0.3~0.5 千克/米^2，深 60 厘米。要求水体溶解氧 5 毫克/升以上，pH 值为 7.5~8.5，氨态氮 0.5 毫克/千克以下，亚硝酸盐 0.2 毫克/千克以下，透明度要高，温度 27℃左右。鳗苗下塘时 7%食盐溶液药浴。鳗苗下塘后逐渐加温，待 2~3 天后水温升至 27℃时开始引食，晚上在食台处放一盏 15 瓦的灯，食台上放丝蚯蚓，开始若鳗苗摄食不集中可分散多设几个食台。投喂丝蚯蚓每天早晚 2 次（7:00、18:00）。每次投喂期间，水质不易污染，每天可根据情况排污换水 1~2 次。经 10 天左右引食达到要求后（投喂丝蚯蚓量达到苗体重 7~8 倍，可逐渐加入白仔鳗饲料），这时把投喂时间移到白天。白仔鳗配合饲料要用水拌软（饲水比例 1∶1.4），在饲料中要加 5%多维鱼肝油，以促进鳗苗生长发育。每天投喂量约是鳗鱼体重的 8%~10%，每天投喂 2 次（7:00，15:00），鳗苗经 20~30 天养殖，规格平均达到 3 000 尾/千克左右（称黑仔鳗），这时可放到二级池养殖，小规格弱苗仍放回原池饲养（在投饲中暂且投喂适量丝蚯蚓继续加强饲养），分养到二级池的黑仔鳗，经 1 个月左右养殖，个体生长差异较明显，这时应用网或选别机筛选，将大规格的分养到三级池养殖，当黑仔鳗平均规格为 800 尾/千克左右时，可改投黑仔鳗配合饲料。

在二、三级池养殖阶段，应加强水质管理，每天排污 2 次，每天换水量达池水的 1/3~1/2。以保证养鳗池的水质。促进鳗鱼生长。每个养殖池需配备一定的增氧机，增氧机位置应远离食台，运转时使池水旋转，并能把污物集中到排污口。溶氧低时适时开机充氧。

温室除培育黑仔鳗外，还可养殖成鳗，成鳗培育池按 1 吨鳗鱼配 1 千瓦动力增氧机，水质管理与培育鳗种基本相同，但水可适当肥一些，水色以黄绿色为好。

3. 露天池养殖

当 5 月底、6 月初露天池水温达到 25℃时，即可把黑仔鳗放到露天池养殖，养成大规格鳗种（20 克/尾以上）比较有保证。为了提高单位面积产量，投高设备利用率，应采取高密度和轮捕轮放的养殖方法。

露天池的水质要求与温室不同，溶解氧需在 4 毫克/千克以上，pH 值为 7.5~9，透明度 15~20 厘米。养鳗池水体的溶解氧主要靠浮游植物，特别是蓝藻类中微囊藻的光合作用所产生。这就需要接种或培育水体中的浮游植物。在早晚或阴雨天，水中溶解氧低时，则要依靠增氧机增氧，以满足鳗鱼生长需要。

露天池饲养过程中，每天需定时投喂饲料 1~2 次（50 克/尾以上规格每天 1 次），投喂时间为 7:00（夏季稍提前，秋季稍拖后），每天投喂成鳗饲料量占鳗体重的 2%~3%，成鳗饲料中应加入多维鱼肝油 5%~10%，投喂饲料量还应根据水温、天气变化灵活掌握。水温在 28~30℃时，生长最快，投饵量也应适当加大。

春末夏初，露天池中会因水蚤大量繁殖，影响鳗的正常摄食，可用 0.3~0.4 毫克/千克敌百虫溶液全池泼洒。若轮虫大量繁殖应更换池水，并撒布消石灰。还可以放养鲢鱼或罗非鱼（每亩 100~200 尾）间接灭水蚤。

4. 病害防治

饲养管理中要防止鳗体表损伤及鳗病的发生。在温室养殖中，寄生虫病发生较普遍，影响鳗鱼正常摄食。如发现车轮虫病可用 30 毫克/千克浓度的福尔马林溶液全池泼洒，24 小时即可治愈。平时定期（1 个月左右）预防。发现指环虫病可用 0.4~0.5 毫克/千克敌百虫溶液全池泼洒。

温室养鳗池在空闲时间还应重视消毒处理，预防细菌性病害，在放鳗前 3~4 天应再用 5~10 毫克/千克漂白粉消毒 1 次，每次筛选归类鳗鱼出池，也应结合消毒处理。露天池塘在干塘清池时，要排出池底污泥，并用石灰消毒。

5. 水质调节

培养和管理好鳗池水质，是养鳗高产的可靠保证。

（1）培养微囊藻，增加水中溶氧。由于鳗池水中的溶氧来源主要依靠蓝藻中的微囊藻通过光合作用产生，因此，当池水中的微囊藻数量少，透明度过大时，应从附近池塘中捞取微囊藻种，放入鳗池，并施肥，使其迅速繁殖、生长。

（2）掌握好水色。池水要保持浓绿色，透明度以 25 厘米左右为宜。

（3）及时除虫。浮游动物是微囊藻的大敌，尤其是轮虫影响最大，为限制轮虫繁殖，可在鳗池中搭养一定数量的鳙鱼，一般每亩可搭养 2 龄鳙鱼 10~20 尾。若浮游动物仍然繁殖过快，则可用 0.5~1 毫克/千克敌百虫溶液全池泼洒。

（4）适时开机注水。同时，每天应换水 1/10~1/7，换水时，应将池水中的残饵、粪便排出池外。

（三）成鳗养殖

成鳗养殖是把体重 20 克以上的鳗种养成体重 150~200 克的商品鳗的生产过程。成鳗养殖有专养和混养两种形式。

1. 池塘专养

在池塘中高密度单养鳗鱼，一般露天池亩产 1 000 千克以上。

2. 鳗种放养

鳗种放养前，应对鳗池和鳗种进行药物消毒，然后才能放入鳗池饲养。放养时间一般在 3 月中下旬至 4 月上旬，水温 13℃ 以上时进行。放养密度视产量指标、鳗池条件、鳗种规格和养殖技术因素确定。一般亩产 1 000 千克以上的放养量：鳗种规格 20 克左右，每亩放 150~200 千克；规格 50 克左右，每亩放 300~400 千克。半流水池塘的放养密度，每平方米可放体重 20 克左右的鳗种 3~5 千克，设备良好的流水池每平方米可放 10~15 千克。

3. 饲养管理

饲养管理工作主要包括投喂饲料、轮捕轮放、水质管理、鱼病防治等内容。

（1）投喂饲料。养鳗饲料有新鲜饲料和配合饲料两类。投喂方法采用“四定”原则。每天 9:00—10:00 投喂 1 次，在水温 25℃的日投饲量，配合饲料为存塘鳗总重量的 2%~5%，新鲜饲料为 10%~15%。早春或晚秋水温较低，或水温超过 30℃的时候，日投饲量可酌情减少。一般要求投下饲料 20 分钟内吃完为度。养鳗饲料搅拌要均匀、柔和，搅拌好就要立即投喂。

（2）轮捕轮放。鳗鱼在饲养过程中，个体生长速度差异很大，必须采取分期放养，分期捕捞，捕大留小，捕大补小措施。一般每隔 1 个月左右分级分稀 1 次，使同池鳗鱼规格整齐，密度合理。3 月底放养的鳗种，6 月初已有部分达到上市规格，即可进行第一次捕捞；6 月以后，水温升高，鳗鱼食欲旺盛，生长快，至 7 月下旬可进行第二次捕捞，捕捞后立即补放鳗种；9 月初又有相当数量达到上市规格，进行第三次捕捞；11 月中旬进行清塘捕捞，将未达到上市规格的留作翌年春放鳗种。分级分稀前 1~2 天就要停止喂食，并要更换池水，实行原池吊水，使鳗鱼排空肠胃内食物，再用光滑鱼筛进行选别。操作要小心细致，防止损伤鱼体。

（3）水质管理。水质管理措施可参照苗种培育阶段的做法。

4. 池塘混养

在养殖四大家鱼的鱼塘中混养鳗鱼，有不投鳗饲料和投鳗饲料两种方式。前者每亩搭配 15~20 克的鳗种 50~100 尾，鳗鱼以鱼塘中的野杂鱼虾、底栖小动物和饲料碎屑为食，年终可捕获体重 150~200 克的食用鳗 10~15 千克；后者是进行高密度混养，每亩搭配 15~20 克鳗种 1 000~2 000 尾，每天投喂 1 次鳗鱼饲料，投喂量为鳗鱼总体重的 1%~2%。鳗鱼还可兼食池塘中的野杂鱼虾和底栖动物。年终可捕获食用鳗 150~300 千克。这两种混养方式均已在广东珠江三角洲普遍推广，使鱼塘的经济效益明显提高。

（四）鳗鱼土池养殖

1. 池塘选择与消毒

养殖鳗鱼的土池要求通风向阳、水源充足，面积不宜过大，在土池的四周种植 0.8~1 米宽的水浮莲或水花生，并用篱笆或网片围栏，这样既可防止鳗鱼外逃，又可遮阳，利于其生长。

放养前应挖除土地内过多的淤泥，平整池底，修好池埂和进排水口，在鳗种下池前 10～15 天每 1 000 米^{2}用生石灰 100～125 千克清池消毒，彻底杀死野杂鱼和敌害生物。然后在鳗种下池前 5～7 天注水 0.6～0.7 米深，进水口用 60 目筛子过滤。最后施基肥，一般每 1 000 米^{2}泼施腐熟猪牛粪 300～400 千克，待水呈淡绿色或黄褐色后再放鳗种，使其下池后可吃到充足的天然饵料。15 天左右将池水加深至 1.5 米。

2. 鳗种处理与投放

鳗鱼生长的适温为 20～28℃，水温在 12℃时开始摄食，因此投放时间一般在 2 月下旬至 3 月中旬。投放前，先将鳗种包装袋放入水中浸泡 20～30 分钟，以适应水温，袋内外温差小于 5℃时才能拆袋，然后用小水盆向袋内倒入 2～3 盆池水，使鳗种从高溶氧状态逐步适应低溶氧状态。同时，投放前还应进行鳗种消毒，每 50 千克水用食盐 0.75～1 千克浸洗鳗种 15～20 分钟。

投放的鳗种要求体色青灰、肌肤丰润、富有弹性、游泳活跃，同池鳗种规格要整齐一致，否则因鳗鱼间的相互争食会影响到个体弱者的摄食。放养密度一般为每 1 000 米^{2}可投放 20 克左右的鳗鱼 4 000～5 000 尾，50 克左右的可投 3 000～4 000 尾，100 克左右的可投放 2 000～3 000 尾。同时每 1 000 米^2 土池可混养鳙鱼 50 尾、鲢鱼 30 尾、罗非鱼 200 尾，一方面可滤食浮游生物，食净鳗鱼排泄的粪便，起到净化水质的作用；另一方面又可增加鱼产量。

3. 饲料种类与投喂

（1）鳗鱼饲料及投喂技术。鳗鱼饲料的配方及配制技术已基本成熟，饲料原料齐全，选购也方便。

（2）鳗鱼饲料的主要原料及稳定性。鳗鱼饲料中主要原料是鱼粉和 α–淀粉；要求鱼粉新鲜、蛋白质含量高、组胺和挥发性盐基氮低，同时鱼粉质量要稳定，保持生产的每批鳗鱼饲料的品质和味道相对一致；要求 α–淀粉不但黏性高，还需与鱼粉配合度好，保证鳗鱼饲料黏弹性好。

（3）鳗鱼饲料中饲料添加剂的使用。鳗鱼饲料要求高蛋白和高脂肪；在高密度的鳗鱼养殖过程中，要靠高的投喂率促进鳗鱼的生长，就需要添加一些助营养物消化和抗压的添加剂，如酶类（蛋白酶、脂肪酶）、促脂肪消化吸收的卵磷脂、胆碱、胆汁酸、维生素。鳗鱼人工养殖主要依靠专用配合饲料（市上有售），并在每 50 千克专用饲料中添加复合维生素 50~60 克、鱼肝油 1.5~2 千克（水温在 20℃以下或 35℃以上应停供鱼肝油）。幼鳗适当少加，成鳗多加。若暂时缺少专用饲料，可用小杂鱼、畜禽内脏、蚕蛹等动物性饲料绞碎拌面粉代用，其粗蛋白质含量必须在 40%以上。

鳗鱼是肉食性鱼类，贪食。投喂时要实行“四定”原则，即定质、定量、定时、定位。定质，即保证饲料的质量。调制好的饲料要软硬适度（加水量为 1.2~1.3 倍），新鲜洁净，不能变质腐败。定量，即投喂量要根据鳗鱼的规格、摄食、消化及天气、水温、水质状况适量投。一般日投饲量为鳗鱼体重的 1.5%~2.5%，以 12 小时内吃完为宜。定时，即鱼体规格小、密度大，每天 8:00、16:00 左右各投喂 1 次；鳗鱼规格在 100 克以上，每天 8:00—9:00 投喂 1 次即可。定位，即饲料投放在固定食台上，每 1 000 米^2 土池可设置 2~3 个食台。

4. 日常管理与防病

每天早晚巡池，观察鳗鱼活动与摄食状况，雨后检查排水口，防止逃鱼。平时每 10~15 天加注新水 1 次，夏秋季每 5~7 天 1 次，每次换水量为全池的 10%左右。同时注意使 pH 值为 7~8.5，pH 值过高时应注入新水，过低则每 1 000 米^{2}用 15~20 千克生石灰调节。

三、鳗鱼病害防治

（一）病因症状

夏季高温期，鳗鱼摄食过饱，排污不彻底，池内有机碎屑腐烂变质；暴雨导致水源变化；用刺激性很强的杀虫药频繁地杀虫是导致鳗鱼发生鳃病的潜伏性因素，而寄生虫导致鳃丝的缺口，极易引起病原微生物的滋生，最终导致鳗鱼鳃病的暴发。

鳗场不同、鳗鱼种类不同（指日本鳗和欧鳗），但发病鳗鱼症状基本相同。病鳗体表呈黑白相间的花斑环状条纹，有些发病严重的鳗鱼，胸鳍充血发红，肛门红肿外突，轻压鳃盖，有黄色脓液流出；解剖内脏，肝变白（有些与用药有关），胆囊肿大，胃、肠内空，外壁布满血丝，严重的腹腔内积满血水；剪开鳃盖，绝大多数病鳗鳃丝呈花白相间条纹，第二片或者第三片鳃瓣鳃丝有一大块缺损，缺损鳃丝创伤处附着一层泥巴脏物。刮掉脏物，剪缺损处鳃丝在显微镜低倍镜下检查，认真观察即可见呈分叉树枝状的鳃霉菌丝附在病鳗鳃上。

另外，有些鳗场由于前期寄生虫处理不彻底，鳃丝上也可能会有车轮虫（体表表皮也会寄生）或者指环虫感染。

（二）治疗方法

对于综合性鳃病的治疗，一般是先杀寄生虫，后治鳃霉病，最后治细菌性疾病，但根据不同的鳗场鳗鱼发病程度不同，在下面全部治疗过程中，对某些步骤有适当取舍。

1. 处理细菌

通过显微镜检查或者通过用药发生的病死鳗数量判断确定鳃霉已不再是主要病原时，即可开始处理细菌。首先，用10%氟苯尼考7克/米^3 连续药浴2次，每次24小时；最后，用聚维酮碘或者其他碘类制剂连续药浴2次，以预防病原菌二次感染。

在整个治疗过程中，如果鳗鱼有食欲，最好坚持投饵，但是日投饵率应控制在1.0%~1.2%。同时拌料时每千克饵料中添加维生素C 1.5克、维生素E 1克、板蓝根冲剂5克。每次排污应彻底排干净。池内病死鳗鱼及时捞出。

养殖鳗鱼，鳗鱼发生疾病不可避免，及时正确地判断病症、确定病原是治疗疾病的关键。鳗鱼综合性鳃病流行时，用上述治疗方法的鳗场治疗效果都非常明显。

2. 有寄生虫感染

剪取病鳗鳃片制成玻璃压片，在显微镜低倍镜下检查，如果 1 个视野内有指环虫 5 个以上，或者车轮虫 10 个以上，就必须先处理寄生虫。

3. 处理鳃霉病

首先，1‰食盐+1‰小苏打+2.5 克/米^3 亚甲基蓝连续药浴 2 天，然后大量换水。

如果鳗鱼病情恢复明显，可以考虑 2.5 克/米^3 亚甲基蓝再用 2~3 天，或者用上述过程方法重新来 1 次。另外，在鳗鱼疾病治疗中，有些鳗场实际的主要病原除寄生虫外，就只有鳃霉菌，可一直采用处理鳃霉病的方法至病鳗完全康复。

第四节　黄颡鱼养殖

黄颡鱼‘黄优 1 号’同样适宜于鱼沟中养殖，其产量高，长期鱼价高。其养殖尾水也是水稻、水草、藻类的优质肥源。

一、养殖条件

1. 养殖基地选择和池塘的改造

池塘选择在周围环境无污染源，水源方便，水质良好的大湖旁。通过标准化改造，鱼池面积为 10~20 亩/口，水深均达到 2.5 米以上，底泥在 20 厘米以下，土质具有较好的保水、保肥、保温功能，进排水系统独立，水电路畅通。

2. 池塘养殖生态改良和设施配套

黄颡鱼池塘养殖时，数量较多，投饵大，水质容易恶化，必须调节池塘水质，要求水体溶氧在 5 毫克/升以上，透明度在 40 厘米左右，池水略偏碱性，pH 值为 7.2~8.5。

3. 水质净化

试验的 20 口池塘按 1%比例架设生物浮床，尾水首先进行原位处理。

4. 设施配套齐全

增氧机以微孔曝气增氧、叶轮增氧、耕水增氧、涌浪增氧机进行配套，实现立体活水增氧，功率配备 1.2 千瓦/亩；投饵机以风投和小型投饵机配套；安装水质智能在线检测系统，实现实时监测水质；安装远程监控系统和智能设备，与投饵机、增氧机连接，可使用移动电话操作，实现养殖全过程设施化和智能化。

二、技术措施

（一）多级饲养

合作社养殖黄颡鱼‘黄优 1 号’主要采用四级饲养法。

1. 一级饲养（5—7 月），水花培育至夏花鱼种阶段

（1）放苗前准备。池塘面积 5~10 亩，池深 2 米以上，在放苗前晒塘，池底成龟裂状，在鱼苗放养前 15 天，每亩用 100~150 千克生石灰进行清塘，然后注水 0.8 米，放苗前第五天用 0.7 毫克/千克敌百虫杀虫，放苗前 2 天用硫代硫酸钠和过硫酸氢钾解毒解底，并施肥培育充足的轮虫、小型枝角类开口生物饵料。

（2）放苗培育。选择体质健壮、无病害、规格齐整的黄颡鱼水花以 50 万尾/亩的放养密度放入池塘面积培育，放苗前 1~2 小时用维生素 C 全池泼洒抗应激，24 小时增氧；放苗 10 天左右驯食投喂营养全面饲料，适时肥水，调节水质，确保养殖水体肥、活、嫩、爽。重点防控车轮虫等原生动物，30 天左右鱼苗长至 2 000~3 000 尾/千克，然后分塘进入下级饲养，成活率正常在 60%左右。

2. 二级饲养（6—8 月），小规格鱼种强化培育阶段

池塘面积 10~20 亩，水深 2~3 米，放养规格 2 000~3 000 尾/千克，每亩放 10 万尾，养成规格为 80~120 尾/千克，投喂粒径 0.5~1.5 毫米黄颡专用饲料（蛋白质含量为 42%），投喂量控制在 5%~10%，根据鱼种规格、水温、水质状况、摄食情况进行调整，规格小投喂率高，每天 2 次，注重调水和内服保健，确保

氨态氮和亚硝酸盐不超标及肝肠健康，经过2个月左右的饲养，亩产苗种750~1 000千克左右，成活率80%左右。

3. 三级饲养（8—10月），大规格鱼种养殖阶段

此阶段是把规格80~120尾/千克养至20~30尾/千克，每亩放5万尾，时间50天左右，投喂量控制在3%~5%，饲养管理同二级饲养阶段，亩产黄颡鱼种1 250千克左右，成活率90%左右。

4. 四级饲养（10月至出售），成鱼饲养

此阶段是把规格20~30尾/千克鱼种养至100克以上成鱼的阶段，时间10月至翌年5月，每亩放1.5万尾，亩产1 500千克以上，成活率95%。

（二）精准投喂

‘黄优1号’黄颡鱼最大的优势是摄食量大、生长快。在养殖过程中，投喂过多会造成鱼的内脏负担过重，出现花肝、绿肝、肠道充血，排毒功能下降；投喂不足会导致鱼营养不足，抵抗力下降，体质差。要投好“料”，因此精准投喂是养殖‘黄优1号’的关键。投好“料”指以下几方面。

1. 重在选择饲料

要选择品质过硬、营养全面、消化吸收好的有口碑、有品牌饲料；不要一味追求高蛋白饲料，蛋白质过高会增加鱼的肝胆负荷，吸收不好会败坏水质，引发鱼病；更不能选择低价饲料，现阶段饲料行业竞争激烈，有很多公司打价格战，导致价格不高，但品质下降，满足不了鱼的营养需求。

2. 重在投喂技术

在投喂时间、次数、数量上要把握好，黄颡鱼在春秋温度低于20℃时，每天在温度高的时段喂1次，夏季高温季节，选择在凌晨傍晚进行投喂，每天2次，投喂率要根据鱼的规格、水温、摄食状况、天气状况进行控制，水温25℃以上苗种投喂率在5%~8%，规格越小投喂率越高，成鱼控制在2%~3%，雨天减半或不喂，特别是立春后投喂量要控制好，开口投喂量控制在0.2%，随水温上

升、肝肠消化吸收功能的恢复，逐渐增加投喂率，直至水温稳定在23℃以上，投喂率增加到1%，随后逐步恢复到正常投喂，此阶段鱼的食欲强，但鱼的消化吸收功能没有完全恢复，摄食与消化功能不匹配，如果投料过多，或者投喂量、苗种规格不齐，导致小鱼没吃料而大鱼吃料过多，一段时间后鱼会消化不良，暴发鱼病，翌年春季大死鱼，与春季投喂不当有很大关系。总之，投喂技术要根据鱼的大小、水温、天气、季节不同，勤于观察，做好总结，不断完善，注意细节，力求精准。

（三）病害防控，生态养殖

内保健就是围绕鱼肝肠健康、代谢通畅，采取内服的方法，维护鱼的健康生长。从夏季开始每半个月内服保肝护肠促代谢的药物，如应激宁、板黄散、三黄散、复合维生素、乳酸菌等，促进鱼体代谢吸收，增加水生动物免疫能力。保持鱼体健康和水体物质循环畅通，特别是氮循环，是养殖成功的保证。只有坚持做好鱼体内外保健，做好细节，才能做到水好、鱼好。外保健就是围绕水体氮循环通畅，抓住溶氧这个中心，采取一些措施（图2–14至图2–16）。

1. 清塘消毒

放种前鱼池必须进行干池、清淤、晒塘、生石灰清塘等一系列操作，以减少耗氧因子，储存池塘总碱度和硬度，为后期培藻养菌、培水稳水打下基础。

2. 藻菌同培

养殖黄颡鱼投喂量大、饲料蛋白质高，水体氮过剩是很常见的，单一靠藻的光合作用来吸收转化为饵料这个途径是不能满足生产实际需要的，必须发挥菌的硝化作用和反硝化作用，定期补菌、补碳、补磷、补微量元素，做到藻菌同培，水质稳定，氮循环畅通，氨态氮、亚硝酸盐控制在安全范围内。

3. 鱼种搭配

搭配养鱼能把排放水体中的氮转化为鱼的增重，变废（残饵粪便）为宝（动物蛋白）。每亩搭配白鲢鱼50尾，花白鲢鱼20尾，鲫鱼50尾，草鱼2尾。利用花白鲢鱼“清洁工”作用，加快氮的转化和循环。

4. 勤增氧

利用增氧机发挥多种增氧机作用，实现立体增氧，特别是晴天中午开启增氧机，始终保持水体高溶氧状态。池底部增氧是关键，阴雨天直接抛撒增氧颗粒为池底部增氧，是维护水体物质循环的重中之重。

5. 勤改底

养鱼先养水，养水先养底，改底很重要，需要定期用化学和生物的方法勤改底，保持底部通畅、不脏，控制不利因素，保证养殖顺利进行。

6. 定期测水

勤巡塘，发现问题及时调整解决。

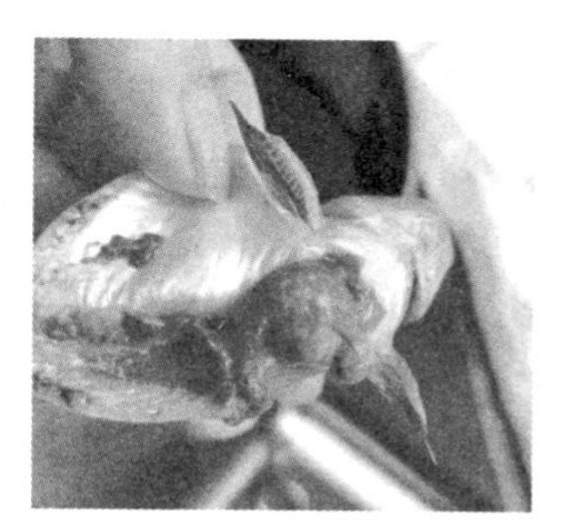

图2-14 黄颡鱼剖检

图2-15 投饲

图2-16 现场测产

三、经验总结

综合多年养殖情况分析，多级饲养法优点如下。

1. 能保证苗种的质量和数量

从‘黄优1号’研发单位购买水花，重视水花培育和夏花鱼种阶段，确保‘黄优1号’品种纯正和数量的保证，从源头上堵截差苗弱苗，提高鱼体自身抗病力和生长速度，同时为多级饲养提供充足的苗种保证。

2. 能做到精准投喂

通过合理过筛分级，每阶段苗种规格相对整齐，相同规格对饲料营养需求和投喂率大致相同，为投好“料”和投“好”料打下基础，能尽量做到投喂精准。克服一次性放养易出现的生长速度不一致、苗种大小规格参差不齐而导致的营养过剩或营养不够、过度投喂或投喂不足的问题，从而避免黄颡鱼肝胆肠不健康、自身抗病力下降。

3. 能保证最快的生长速度

随着苗种的逐渐长大而逐级分养，养殖池塘苗种放养科学合理，便于集中管理，减小劳动强度，节约成本。待放养池塘通过清塘除野、晒塘、紫外线杀菌，改良池塘底质，减少鱼的发病概率。水质环境好，加上精准投喂，鱼生长速度会大幅提高。

4. 能降低成本提高效益

多级饲养能提高池塘的周转率和利用率，每个阶段的池塘载鱼量合理，避免了一次性放养前期水体利用率不高的弊端，并且鱼病减少、鱼生长加快，降低饵料系数，提高经济效益。

近年来，黄颡鱼养殖示范区正是采取多级饲养、精准投喂、内外保健等方法，在全国黄颡鱼春季暴发鱼瘟时，始终保持稳定发展，经济效益、生态效益和社会效益明显，为‘黄优 1 号’黄颡鱼养殖取得良好的示范带动作用，对产业结构调整和农业增效、渔民增收起到促进作用。

第三章　稻-虾-鱼生态综合种养模式

第一节　稻渔综合种养模式

稻渔综合种养模式就是利用动物与植物共生的原理，在不影响稻谷产量的前提下，养殖一些鱼、虾等水产经济动物，从而提高稻田综合效益。在科学设计的稻田工程内，稻渔综合种养期间，鱼、虾等将稻田里的杂草、害虫转化为追肥，为水稻均匀施肥。养殖的鱼、虾等动物的活动可疏松泥土、摄食杂草与害虫。稻渔综合种养模式在种养全程中不用或少用化肥，尽量使用生物农药，是一种高产、高质、高效的“三高”生态模式。

一、开展稻渔综合种养的重要性

1. 保障粮食产量

因种粮收益低，粮农种粮积极性不高。提高种植业经济效益，推广稻田高效生态种养技术，可以使稻田综合经济效益大大提高，稳定水稻生产，甚至还能扩大水稻种植面积，保障国家粮食产量。

2. 保障食品安全

农业产品质量的安全问题主要是农药残留，稻渔综合种养技术因减少稻田中农药和化肥的使用，可有效降低稻田产品的农药残留量，生产的粮食基本为绿色食品或有机食品。这不仅可以保证粮食的数量安全，还保证了粮食的品质安全和食用安全。

3. 促进农民增收

稻田高效生态种养技术的综合效益极为显著。据统计，稻-虾共生生态综合种养模式平均亩产小龙虾75~100千克、稻谷650千克，亩产值为4 000~5 000元，每亩纯利2 000~3 000元。

4. 促进耕地可持续利用

水稻是我国第一大粮食作物。实施稻田生态种养，养殖的水生动物的粪便代替了化肥的使用，这些动物粪便不仅为水稻的生长提供优质高效的肥料，而且还能改善和提高地力，大大促进耕地的可持续利用。

5. 实现资源节约型、环境友好

"一水两用、一田双收、稳粮增效、粮渔双赢、生态环保"的稻渔综合种养模式能减少化肥与农药使用所带来的环境污染。稻田是蚊子的滋生地。鱼、虾不仅吞食水稻的病害虫，而且清除了蚊子幼虫，这对控制农村疟疾病的流行将发挥重要作用。

6. 推进农业现代化

土地流转后，其功能不能变。原来的基本粮田流转后，必须要种粮食。土地流转到大户后，更有利于开展稻渔综合种养和机械化操作。

二、稻-虾共生生态综合种养模式

稻-虾共生生态综合种养模式主要在长江中游，水稻与小龙虾连作，以湖北省潜江、鄂州为典型代表（图3-1）。

新建养虾稻田只需第一次投种，此后就可以自行留种。投种有两种方法：一是在7—8月投放亲虾，每亩投放25克以上的亲虾25~35千克，雌雄比例为2：1；二是在4月投放规格在160~200只/千克的虾种20~30千克。

稻-虾共生生态综合种养模式主要利用地势低洼的单季稻田。6月上中旬插秧，10月中旬收割，收割后稻草还田，然后灌水肥水培育越冬的虾苗。养殖面积（沟）占用稻田的比例在8%~10%。

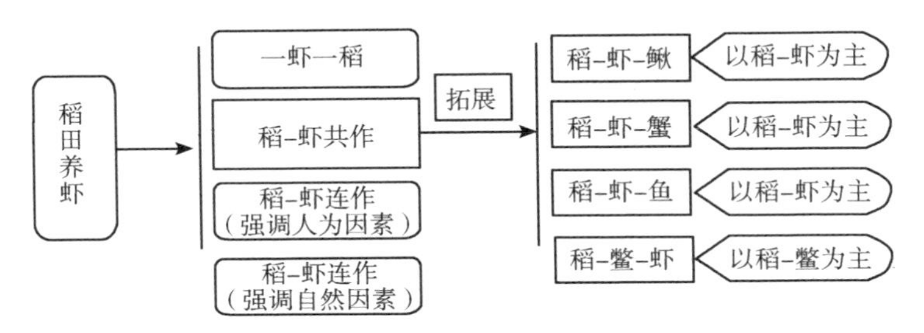

图 3-1　稻田养虾常见模式

三、稻-鳖-虾共生模式

1. 鳖和虾苗种的选择

鳖的品种宜选择纯正的中华鳖（图 3-2），该品种生长快，抗病力强，品味佳，经济价值较高。要求规格整齐，体健无伤，不带病原。虾种最好选择抱卵虾。

图 3-2　中华鳖

2. 苗种的投放时间及放养密度

新建养鳖和虾的稻田，投放虾种的时间及放养密度与新建养虾稻田一致。

鳖种投放时间应视鳖种来源而定。土池鳖种可在 5 月中旬前后的晴天进行，温室鳖种可在秧苗栽插后的 6 月中旬前后投放，放养密度在 100 只/亩左右。鳖种必须雌雄分开养殖，否则，自相残杀相当严重，会严重影响鳖的成活率。由于雄鳖比雌鳖生长速度快且售价更高，有条件的地方建议投放全雄鳖种。鳖种投放前应进行消毒处理。在田间沟内还可放养适量鲫鱼，为鳖提供天然饵料。

第二节　稻-虾-鱼循环流水种养创新模式

一、稻-虾-鱼循环流水种养创新模式概述

小龙虾有多种养殖模式，如稻-虾、莲藕-虾、芡实-虾、菱-虾、鱼-虾等生态种养或混养模式。但这些养殖模式，其产量、效益、技术水平不高。稻-虾生态种养包括稻-虾连作、稻-虾共作和稻-虾共生，这 3 种普通模式的种养技术大同小异，在此基础上，笔者在安徽省望江县做了一个升级版模式，即稻-虾-鱼循环流水种养创新模式。

一是从稻田单一养殖小龙虾，过渡到鱼-虾配套互利养殖，为全国 2 000 万亩稻虾田改变种养品种结构，提出创新模式。稻-虾-鱼循环流水种养创新模式弥补了小龙虾价格不稳定、生长季节不长、上市时间短暂等方面的不足。

二是养殖鲈鱼、鳗鱼等投饲性鱼类，鱼的残饵、粪便形成的有机肥尾水可循环利用。水的循环利用净化了水质、节约了水资源。

三是解决了当前稻-虾种养模式中需要施肥的问题，而且完全做到了全程不使用化肥，因为利用鱼沟养鱼的尾水这一生物肥源即可满足水草、水稻、藻类等植物生长对肥的需要，节约了投肥成本，其经济效益显著提高。

四是虾和鱼在田间活动松动泥土、捕食昆虫，同时养殖期间使用生物制剂、生物饲料和活性菌素可以控制水稻、水产动物病害，因此不需要使用农药。

五是高度集成了鱼道流水养殖、集装箱养殖、养殖尾水处理、名优鱼类养殖、不使用农药不施化肥生态种植水稻等技术模式。稻-虾-鱼循环流水种养创新模式是真正意义上的稻渔生态种养模式，是前所未有的种养创新技术。

稻-虾-鱼循环流水种养创新模式简便易行，使用几种主要投

入品，可解决水稻、水草等的营养需求和水质、病害等问题。总之，稻-虾-鱼循环流水种养创新模式的经济效益、生态效益、社会效益十分显著，是产业扶贫、产业富民的好模式。

二、模式比较

稻-虾-鱼循环流水种养创新模式是在小龙虾常规养殖模式基础上的创新和升级，其技术含量、成本更高，养殖品种更多，因此经济效益更好。表 3-1 从品种、养殖季节、渔用设备、市场、肥料、饲料、渔药、亩产量、成本、效益等方面进行比较。

表 3-1　稻-虾-鱼生态综合种养与小龙虾常规养殖模式比较

项目	稻-虾-鱼循环流水种养创新模式	小龙虾常规养殖模式
工程建设	稻田边建设鱼沟且与稻田有水管连通；稻田包括稻田内环沟（虾沟）	稻田包括稻田内环沟（虾沟）
水体	田外鱼沟或池塘养殖的富含有机质的尾水与稻田水体互相流动交换，经常性加换新水，排出底层污水	水体无交换
水深	鱼沟：2.5~3 米；稻田：0.2~0.3 米	环沟（虾沟：1.2~1.5 米；稻田：0.2~0.3 米）
种养品种	虾、各种投饲性鱼类（鲈鱼、鳗鱼、鲩鱼、黄颡鱼、鳙鱼等），鱼沟中每亩放养鱼种 100~150 千克（2 000~5 000 尾）；稻田每亩放虾苗 25 千克（5 000~8 000 尾）；水稻品种为龙丝苗	小龙虾稻田每亩放虾苗 25 千克（5 000~8 000 尾）；水稻品种为龙丝苗
养殖季节	全年养殖	3—5 月为主要养殖期，其余为小龙虾生长淡季
主要养殖病害	鱼类的寄生虫病、细菌性出血病、烂鳃病、肠炎病、水霉病、病毒病、肝胆综合征	纤毛虫病、细菌性病、白斑综合征
渔药	外用杀虫、消毒剂、调水产品，内服保健药如每月用保肝宁、肝肠宝等拌饵料投喂 2 次，每次连喂 3 天	消毒药、调水产品

（续表）

项目	稻-虾-鱼循环流水种养创新模式	小龙虾常规养殖模式
渔用设备	捆箱、渔网、投饵机、增氧机、潜水泵、渔船、农用运输车、水质检测仪器	虾筐、地笼
市场	全年均可出售名优鱼类到国内外市场，价格高且稳定	4—5月集中出售小龙虾，其价格不稳定
捕捞	全年均可用渔网捕捞	4—5月集中晚上用地笼捕捞
肥料	各种投饲性鱼类的粪便、残料形成的养殖尾水，是含有机质的肥料，可放到稻田，作为水稻、水草的肥源，节约了肥料成本	人工施肥补充水稻、水草的肥源
饲料	鲈鱼饲料为膨化料，其他鱼类为专用饲料	虾饲料
亩产量	鱼沟：2 500~5 000千克；稻田：虾100~150千克，水稻600千克	稻田：虾100~150千克，水稻600千克
亩成本	鱼沟：8 000 ~ 12 000 元；稻田：500~800元	稻田：500~1 000元
亩效益	利润8 000~20 000元	利润1 500~3 000元

三、稻田建设工程

1. 稻田条件

要求有充足的清新水源、土质为壤质土（不选沙壤土）、保水性好的稻田。稻田建设主要是改造鱼沟、田埂、进排水系统（60目以上的过滤网）、防逃设施及环形沟布置。

2. 田间工程

稻田建设参照图3-3、图3-4进行改造。用石棉瓦或其他材料沿田埂四周围成封闭防逃网，防逃网高40~50厘米，防逃网四角转弯处设计成弧形，避免小龙虾沿墙夹角攀爬外逃，进排水口注意加设防逃设施。

稻田应建设完善的进排水系统，进排水系统循环流水，使稻田干不涸、大雨不淹。改造后的田埂高度应高出田面1.5米以上，能关住水2.5米；埂面宽3.0米。进排水口分别位于稻田两端，鱼沟

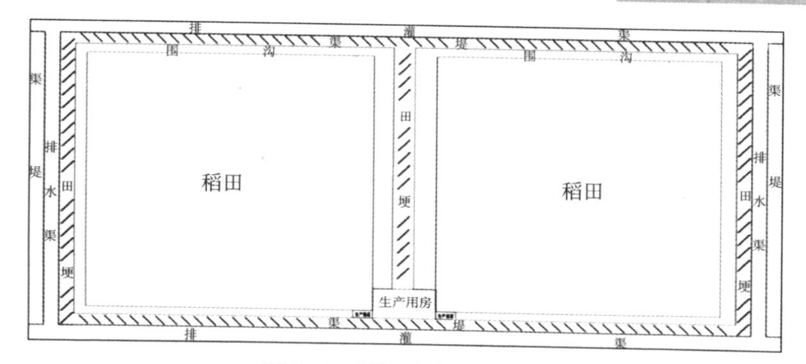

图 3-3　稻田建设工程平面

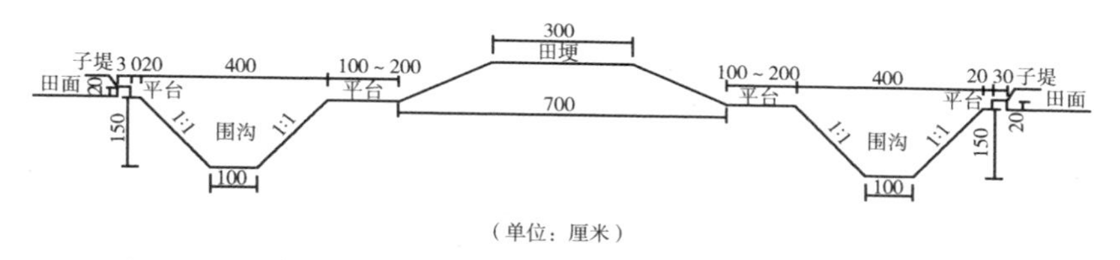

（单位：厘米）

图 3-4　稻田建设工程剖面

排水口建在环形沟的最低处，按照高灌低排格局，确保灌得进、排得出（图 3-5 至图 3-9）。鱼沟底部的排污管（直径 20 厘米）与稻田相通成为稻田的进水管。经实践证明，排污管必须高出沟底 30 厘米，否则淤泥加深后，容易堵塞管道。稻田的排水则以水泵抽取到鱼沟中，这样就形成了养鱼沟与稻田的水体互相流动的状态，即鱼沟中养殖鲈鱼、鳗鱼、鳜鱼、鲫鱼、草鱼、鳙鱼等鱼类的残饵、粪便形成的有机尾水，再排到稻田中，可作为水稻、水草、虾类的优质肥源并培育浮游生物饵料。稻田内的水稻、水草吸收尾水中的有机质后，水质得到了净化，将净化后的稻田水抽取到鱼沟中，同时在鱼沟、虾沟中配备爬式增氧机，这样水体就流动起来了，溶解氧增加使鱼沟和虾沟中高密度养殖有了保障。

稻-虾-鱼循环流水种养创新模式在保留普通稻-虾种养模式（图 3-10）不变的情况下，增加了稻田外围一边或二至四边的鱼

图 3-5 进水口设置 60 目以上的过滤网

图 3-6 鱼沟底层铺设排污管道且与稻田相连通

图 3-7 稻-虾-鱼模式鱼沟建设工程实景

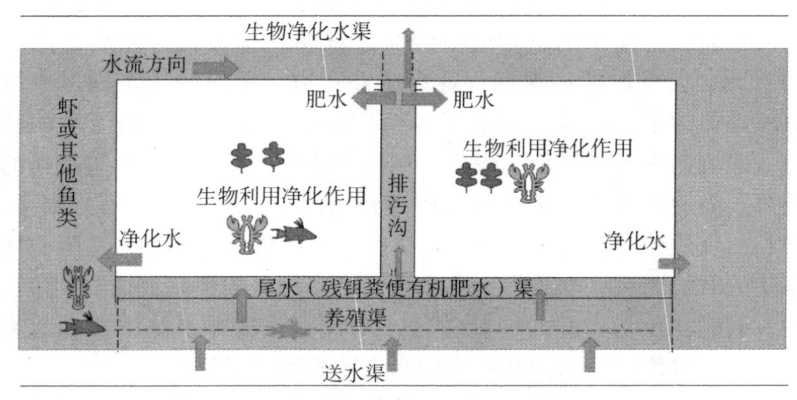

图 3-8 稻-虾-鱼循环流水种养创新模式示意

图 3-9　循环流水

沟，鱼沟宽度 6 米、深度 2.5 米，比稻田中的环沟（虾沟）更宽、更深。鱼沟的亩产鱼可达 3 500 千克以上，亩纯收入万元以上。同时减少了稻田的肥料成本，所产出的稻米是没有使用农药、没有施化肥的渔稻米。

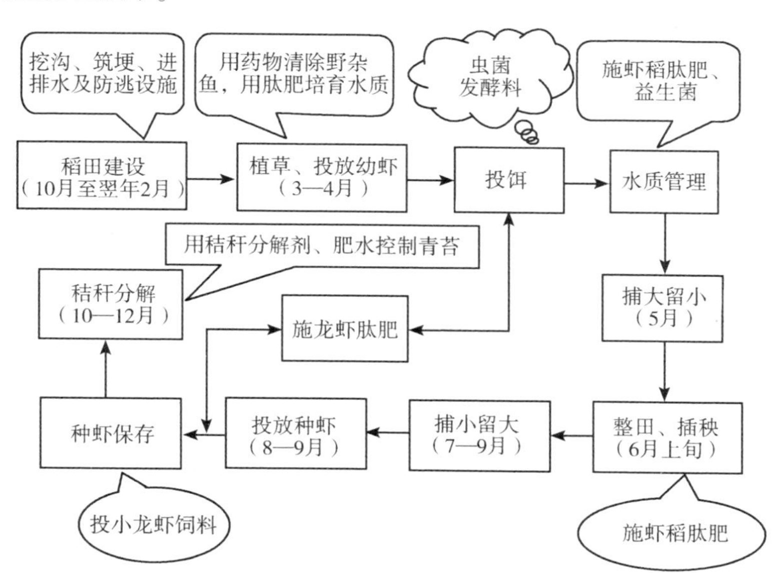

图 3-10　稻田全年稻-虾种养方案流程

第三节　水草种植与管理

水草是小龙虾在天然环境下主要的饵料来源和栖息、活动场所。移栽水草的目的在于利用它们吸收部分残饵、粪便等分解时产生的养分，起到净化池塘水质的作用，以保持水体有较高的溶解氧量。在池塘中，水草可部分遮挡夏季烈日，对调节水温作用很大。同时，水草也是小龙虾的新鲜饵料，在小龙虾蜕壳时还是很好的隐蔽场所。在小龙虾的生长过程中，水草又是其在水中上下攀爬、嬉戏、栖息的理想场所，尤其是对于水域较深的池塘，应把水草聚集成团并用竹竿或树枝固定，每亩设置单个面积1~2米^{2}的草团20个，可以大大增加小龙虾的活动面积，这是增加小龙虾产量的重要措施。

水草的栽培，要根据各种水草生长发育的差异性，进行合理搭配种植，以确保在不同的季节池塘都能保持一定产量的水草。水草的种类要包括挺水植物、浮水植物和沉水植物3类。可以种植的水草有慈姑、芦苇、水花生、野荸荠、三棱草、苦草、轮叶黑藻、伊乐藻、眼子菜、菹草、水浮莲、金鱼藻、凤眼莲等。人工栽培的水草不宜栽得太多，以占池塘面积20%~30%为宜，水草过多，在夜间易使水中缺氧，反而会影响小龙虾的生长。水草可移栽在池塘四周浅水区处。

种植水草以轮叶黑藻、菹草、伊乐藻和金鱼藻为主。水花生主要是为小龙虾提供栖息场所。

一、轮叶黑藻

轮叶黑藻是小龙虾喜欢摄食的品种（图3–11）。

轮叶黑藻可在3—4月进行移栽，每亩需要鲜草25~30千克。

二、菹草

菹草在秋季发芽，冬春季生长（图 3-12）。

图 3-11　轮叶黑藻

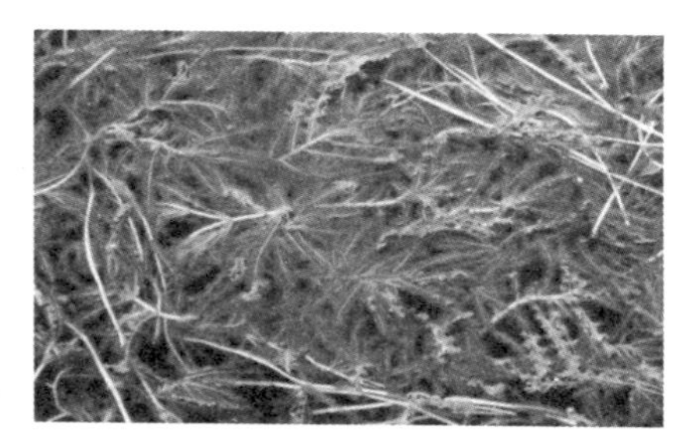

图 3-12　菹草

三、金鱼藻

金鱼藻为沉水性多年生水草，是小龙虾夏季利用的水草（图 3-13）。

四、伊乐藻

伊乐藻是小龙虾养殖中的最佳水草品种之一（图 3-14）。

图 3-13　金鱼藻

图 3-14　伊乐藻

五、水花生

水花生又称空心莲子草、喜旱莲子草、革命草，属挺水类植物。小龙虾喜欢在水花生里栖息，摄食水花生的细嫩根须，躲避敌害，安全蜕壳（图 3-15）。

六、凤眼莲

凤眼莲为浮水草本植物，可遮阳、降温（图 3-16）。

图 3-15　水花生

图 3-16　凤眼莲

第四节　清塘与清除野杂鱼

一、清除蓝藻

杀灭方法：蓝藻发生后，每亩用蓝藻青苔净或虾瘟灵 250~500 毫升，兑水后全池泼洒可有效控制蓝藻生长。

二、清除青苔

（一）实验室虾瘟灵控制青苔的试验

据试验，使用虾瘟灵可使青苔全部失去活性，而小龙虾、伊乐藻正常（图 3–17、图 3–18）。

图 3–17　室内实验室“虾瘟灵”控制青苔的试验情况

图 3–18　实验室情况

（二）稻–虾田中的虾瘟灵控制青苔试验

1. 湖北省监利县大垸农场

养殖户：邢永泉。

示范面积：18.7 亩。

水深：1 米。

时间：2019 年 3 月 11 日 14 时。

用法：1 瓶 500 毫升虾瘟灵兑水 15 千克（图 3–19）。

用量：18.7 亩用 2 000 毫升。

2. 湖北省公安县麻豪口镇

示范面积：20 亩。

水深：1.2 米。

时间：2019 年 3 月 14 号下午。

用法：1 瓶 500 毫升虾瘟灵兑水 15 千克。

用量：20 亩用 5 000 毫升。

试验前后青苔变化见图 3–20、图 3–21。

图 3-19　池塘中的除青苔试验：一瓶 500 毫升虾瘟灵兑水 15 千克

图 3-20　稻田未使用虾瘟灵前情况

图 3-21　稻田中的青苔使用虾瘟灵处理后的情况

3. 湖北省监利县太马村

养殖户：吕荣华。

示范面积：3 亩。

水深：1.1 米。

时间：2019 年 3 月 20 号中午。

用法：1 瓶 500 毫升虾瘟灵兑水 15 千克。

用量：3 亩用 500 毫升。

试验后稻田情况见图 3-22、图 3-23。

图 3-22　吕荣华稻田使用虾瘟灵 12 小时情况

图 3-23　吕荣华稻田使用虾瘟灵 48 小时情况

以上试验证明，虾瘟灵在推荐的用量范围内，对控制青苔有明显效果，对小龙虾、水草无伤害。

三、药物清除野杂鱼

1. 使用清塘净

使用清塘净（B 型）清除野杂鱼，以池塘水深 20 厘米计，2~3 亩/瓶。

2. 使用茶粕

茶粕可清除稻田池塘中常见的野杂鱼类，对小龙虾生长无影响。1 米水深的池塘每亩使用 12.5~15 千克茶粕。

四、物理清除野杂鱼

防止敌害生物进入养殖环境中。在进水口和池埂上要设网片，严防敌害生物进入，如发现虾池中有大口鲶、乌鳢、鳜鱼、青蛙、蟾蜍、蛇、泥鳅、黄鳝、老鼠等敌害生物时，要及时采取措施予以清除。

第五节　水稻种植与病虫害防治

稻渔综合种养是农业生产实践中的理想生态循环模式，稻渔互促，以粮为主。我国稻渔综合种养模式有着悠久的历史传统，但在近代以来的稻渔综合种养模式中，水产部门和养殖户更多地突出水生动物，实际上增粮、稳粮才是稻渔综合种养的主要目标。新型稻渔综合种养模式，不是简单的种植加养殖，而是通过田间改造工程，选择合适的水稻品种与栽培方法，采用日益规范化的小龙虾、名优鱼类配套养殖技术等，以期达到最佳的技术集成效果和水稻增产的目标。

一、水稻种植技术

下面以湖北省一季中稻区水稻种植技术规程为例，介绍水稻种植技术。

1. 适用区域

本技术规程适用于湖北省一季中稻区。

2. 高产高效目标

产量在600千克/亩以上，氮肥生产效率在每千克氮产量60千克以上。

3. 主要指标

生育进程、主攻目标、技术指标见表3-2。

表 3-2　水稻高产高效技术模式

主要指标	生育进程						
	4月20日至5月20日播种、育秧期	5月20日至6月20日移栽期	6月20日至7月15日分蘖期	6月25日至7月20日拔节期	7月15日至8月15日抽穗期	8月15日至9月15日灌浆期	9月15日至9月20日收获期
主攻目标	秧苗成活率高，苗壮、全，根系发达	适龄移栽，合理密植，提高栽播质量	分蘖发生早，发得足。形成大蘖和壮蘖		建立合理的群体结构，控蘖壮秆，防病防倒伏	提高结实率，防病治虫，促灌浆，增粒重，减少脱落	适时收获
技术指标	秧田播种量2～2.5千克/亩	适时早栽，移栽密度是每亩1.3万～1.5万蔸	5~7天长出1片新叶，分蘖盛期主茎绿叶数应有5~6片，叶片上挺呈竖蔸状。单株有效分蘖数6个左右，节间5个左右		稻株生长健壮，基部粗圆，叶片挺直青秀，亩有效穗25万个左右，每穗有效粒数90～100粒，千粒重25克左右		蜡熟末期，九层以上籽粒变成金黄色收获

4. 主要技术措施

（1）秧田与大田比按1∶8备足苗床。

（2）苗床肥。播前20天，每亩施腐熟有机肥1 300～1 500千克或播前3天每亩施30%复合肥40千克。

（3）苗田追肥。3叶期、两段育秧寄插后3～5天看苗追肥，每亩施尿素5千克。重施起身肥，每亩施尿素7.5～10千克。

（4）播种、育秧期灌溉。浅水勤灌，切忌断水。

（5）苗床虫害。播种前每亩用30%噁霉灵水剂200～400毫升进行苗床消毒。

（6）移栽前防治稻蓟马，每亩用25%阿克泰水分散剂2～3克，或者10%大功臣可湿性粉剂15～20克，兑水40千克，细雾喷施。

（7）整地。冬季作物收获以后，干耕晒田数日，然后再灌水犁耙1～2次，保证田面平整，耕层松软，无杂草残茬，利于插秧和根系的生长。

（8）施基肥。每亩施25-12-16复合肥1袋（25千克/袋）。

（9）采用宽窄行或宽行窄株移栽，株行距7寸×4寸或3.5

寸×8寸（1寸≈3.33厘米），每蔸2~3苗，移栽密度是每亩1.3万~1.5万蔸。

（10）栽插时，应严格要求，做到匀、直、浅、稳，尽量不伤苗。

（11）分蘖肥。移栽后5~7天，每亩施尿素4千克。

（12）分蘖期后灌溉。分蘖期以后要干湿交替，露泥分蘖，分蘖后期晒田，阻止无效分蘖。

（13）每亩用卞乙或卞磺隆15~30克，进行大田除草。注意防治一代二化螟。

（14）穗肥。晒田复水后，每亩施尿素4千克。

（15）抽穗期和灌浆期灌溉。浅水勤灌。

（16）防治病虫害。此期防治稻螟虫、稻纵卷叶螟、稻苞虫、纹枯病、白叶枯病和稻瘟病。5%井冈霉素水剂每亩150毫升或12.5%纹霉清水剂100~200毫升，或用20%纹霉清悬浮剂60~100毫升或15%粉锈宁（三唑酮）可湿性粉剂50克，兑水50~70千克喷雾。

（17）每亩大田总施肥量。纯氮（N）10千克、磷（P_2O_5）3千克、钾（K_2O）4千克左右，氮肥60%作基肥、20%作分蘖肥、20%作穗肥，磷肥、钾肥全部作基肥。如果施用有机肥则应计算其养分含量。大田基肥在插秧前1~2天施用；分蘖肥在插秧后5~7天施用；穗肥在7月15—20日施用。

5. 碧护生态综合技术在水稻种植上的应用及效果

2018年，碧护被全国农业技术推广服务中心作为重点实验示范推广产品及技术推荐使用。2018年，全国农业技术推广服务中心印发了《2018年全国植保信息暨农药械推广网工作要点》的通知。通知指出，2018年植保信息和农药械重点抓好四项工作：着力推进农药使用量零增长行动实施，加大高效低毒低风险农药新产品和先进精准智能化施药新机械试验示范力度，促进农药科学使用、减施增效和农药利用率提高；着力加强对专业化防治组织指导与服务，提高重大病虫害防控组织化程度，引导植保社会化服务不断规范管理、提质增效、健康发展；着力加强对新型农民安全用药培训，带动农药科学合理高效使用，推动实现农业丰收、农产品降残、环境污染可控；着力加强植保信息交流暨农药械交易会改革创新，充分调动各方面积极性和利用各种资源，发挥好展会的“行业发展风向标”“系统创新指南针”“供需对接大平台”的作用。

（1）碧护在移栽水稻上使用方法和功效见表3-3。

表3-3　碧护在移栽水稻上使用方法和功效

时期	使用方法	使用功效
种子处理	浸种5 000倍液；拌种或包衣碧护1克处理5~8千克种子	促进种子萌发，提高芽势、芽率和出苗率，达到根强苗壮，尤其对于北方水稻，可解决早春低温给幼苗造成的低温不长、黄苗、僵苗现象
苗床处理	1克碧护可处理苗床100平方米	
分蘖期	碧护7 500倍液（2~3克/亩）+安融乐5 000倍液（3毫升/亩）+融地美1 000倍液（15~30毫升/亩）叶面喷施	促进分蘖，增加有效分蘖数，增加单位面积茎穗数，可使幼苗茎粗杆壮，提供光合作用，有效预防北方水稻低温病害
破口期	碧护7 500倍液（2~3克/亩）+安融乐5 000倍液（3毫升/亩）+融地美1 000倍液（15~30毫升/亩）叶面喷施	提供植株的抗病性，促进孕穗分化，抽穗整齐、加强授粉和灌浆，明显增加水稻的穗长，促进籽粒饱满，增加千粒重，从而提高产量增加品质

（2）碧护在直播水稻上使用方法和功效。一是水稻浸种5 000倍液，提高种子萌发，培育壮苗；二是第一次化学除草后7~10天使用碧护10 000倍液+安融乐5 000倍液+融地美1 000倍液进行叶面喷施，预防除草剂药害，增加有效分蘖；三是水稻破口前期，使用碧护10 000倍液+安融乐5 000倍液+融地美1 000倍液喷施，壮根护叶，提高抗高温和病毒病能力，预防早衰，增粒、增重，提高产量10%~30%。

二、水稻病虫害防治

在稻虾生态种养中，水稻病害少，但在确保水生动物安全的情况下，可使用高效低毒的生物制剂，对病害加以防治。

1. 螟虫

用杜邦康宽，20%氯虫苯甲酰胺 10 毫升/亩。

2. 稻飞虱

用苦参碱，植物源杀虫剂 0.3%苦参碱 AS 1 500 倍液对晚稻后期高密度稻飞虱有较好的防效。

3. 纹枯病病害

30.0%爱苗乳油是一种广谱内吸治疗性杀菌剂，由 15%敌力脱（丙环唑）和 15.0%世高（苯醚甲环唑）组成，在水稻上防治纹枯病效果良好。

第六节　小龙虾养殖技术

一、苗种运输与放苗

养虾稻田只需第一次投种，此后就可以自行留种。投种时用虾蟹免疫应激灵药浴，第二天全池泼洒杀毒灵或病毒净，进行水体消毒。投种有两种方法。

方法一：投放亲虾，每亩投放 25 克以上的亲虾 25～35 千克，雌雄比例为 2∶1。

方法二：在各月份投放规格在 160～200 只/千克的虾种 20～30 千克。

二、施肥与投饲料

幼虾培育期间，主要是水质的培育。水体透明度应保持在 30～40 厘米。稻田水环境条件可通过施肥和加水的方法调控。稻田天然饵料不足时，可施入生物肽肥，每亩施用5千克，以培育丰富适口的天然饵料生物。

日常投料：保持饵料投喂充足；用虫菌发酵料+成虾料，还要投喂膨化饲料。

三、水位控制

水位管理的原则：浅—深—浅—深（以水调温、调水质）。

3—4月：浅水升温。

4—5月：加深水位养虾。

6—9月：按照水稻生产要求管理深水降温。

10—12月：慢上水。

12月至翌年2月：深水保温。

四、小龙虾的捕捞

1. 成虾捕捞

（1）捕捞时间。捕捞时间从放养虾苗后的1个月开始。长年可以捕捞。

（2）捕捞工具。捕捞工具主要是地笼。地笼网眼规格应为2.5~3.0厘米，保证成虾被捕捞，幼虾能通过网眼跑掉。成虾规格宜控制在30克/尾以上。

（3）捕捞方法。开始捕捞时，不需排水，直接将虾笼布放于稻田及虾沟之内直至捕不到商品小龙虾为止。可采用升降水位法强化捕捞。

2. 虾种捕捞

虾种捕捞见图3-24。

图3-24　地笼捕捞虾种

第七节　小龙虾病害防治

小龙虾的适应性和抗病能力很强，虽然目前大规模发生疾病的情况不多见，但仍要坚持以预防为主，防重于治的原则。预防措施如下。

一是苗种放养前，用生石灰消毒环形沟，杀灭稻田中的病原体。

二是运输和投放苗种时，避免堆压等造成虾体损伤。

三是放养苗种时用3%~4%的食盐水浴洗5~8分钟，进行虾体消毒。

四是饲养期间饲料要投足、投匀，防止因饵料不足使虾相互争斗。

五是加强水质管理。稻田定期加注新水，调节水质。

一、甲壳溃烂病

1. 症状

淡水小龙虾的甲壳受到外伤，破坏了虾壳的角质层、表皮层和几丁质层而被细菌感染，形成了甲壳上的黑褐色斑块，随后斑点边缘溃烂，出现空洞。该病虽不严重，一般都能在再次蜕壳时蜕掉而自愈，但严重时也会致小龙虾死亡。

2. 防治方法

(1) 避免损伤。

(2) 饲料要投足，防止争斗。

(3) 用10~15千克/(亩·米)的生石灰兑水全池泼洒，或用2~3克/米^{3}的漂白粉全池泼洒，可以起到较好的治疗效果。但生石灰与漂白粉不能同时使用。

(4) 改良水质(任选一种)。①靓水110，2.5千克/(亩·米)，全池均匀抛撒；②福底安，150克/(亩·米)，全池均匀抛撒；③水质保护解毒剂，500 克/（亩·米），全池均匀抛撒；④水质特别恶化，生石灰，7~10 千克/（亩·米），兑水全池泼洒，第三天再使用水质保护解毒剂 500 克/（亩·米），全池抛撒 1 次。

（5）外用（任选一种）。①聚碘溶液，250~400 克/（亩·米），兑水 1 000 倍全池泼洒，可连用 2 次；②二氧化氯，250 克/（亩·米），兑水 1 000 倍，全池泼洒，可连用 2 次；③渔经水吾，250 毫升/（亩·米），兑水 1 000 倍，全池泼洒，可连用 2 次。

（6）内服。①恩诺沙星 100 克+电解多维 20 克拌饲料10 千克，每天 1 次，连续投喂 5~7 天。②维全康 100 克拌饲料 20 千克，每天 1 次，可长期投喂。

二、病毒性疾病

白斑综合征是淡水小龙虾近几年发生较多的一种病毒病。该病传播迅速、蔓延广，一般 3~10 天造成小龙虾大量死亡，死亡率最高可达 50%。环境条件恶化是诱发该病的主要外界因素，水温 20~26℃时最易急性暴发，此外，天气闷热、连续阴天暴雨、池塘底质恶化均可诱发本病。

1. 症状

发病小龙虾在初期无明显症状，后期不摄食，反应迟钝，抗应激能力较弱；螯肢及附肢无力，无法支撑身体；血淋巴不易凝固，头胸甲易剥离，肝、胰腺颜色淡黄，腹节肌肉苍白；头胸甲常出现白斑（图 3-25）。

2. 防治方法

（1）放养健康、优质的种苗，注意苗种来源，留意池塘是否有白斑综合征感染历史。购买虾苗时应先调查是否有死虾现象，如有死虾最好不要购买。

（2）控制合理的放苗密度，放养量不宜过多。

（3）投喂含蛋白质高的优质配合饲料，饲料蛋白质含量保持

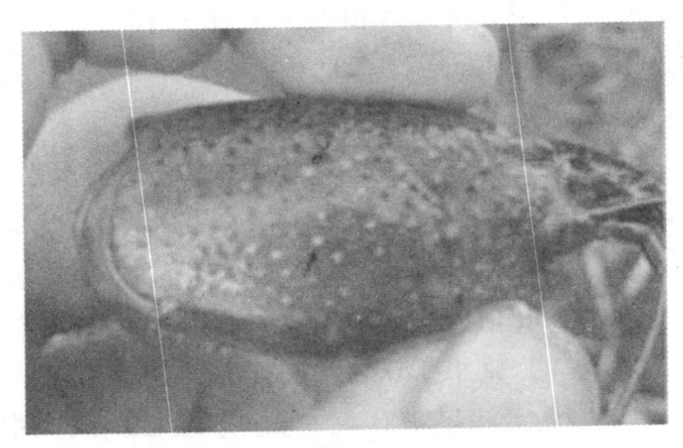

图 3–25　小龙虾白斑综合征症状

在 26%左右。

（4）保持良好的水质，定期使用生石灰或微生物制剂如光合细菌、EM 菌（有益微生物群）等，保持水环境的稳定。

（5）药物预防和治疗。在病害易发期间，可用 0.2%复合维生素+1%的大蒜（打成浆）+2%强力病毒康，加水溶解后用喷雾器喷在饲料上投喂。发病池塘外用二氧化氯全池消毒，饲料中添加免疫功能类中草药进行投喂，能有效控制病情。

3. 外用药治疗方法

（1）每亩过硫酸氢钾复合盐 150 克溶解在 15 千克水中后均匀泼洒（按平均水深 1 米计算）。

（2）用聚维酮碘全池泼洒，使水体中的药物浓度达到 0.3~0.5 毫克/升。

（3）用季铵盐络合碘全池泼洒，使水体中的药物浓度达到 0.3~0.5 毫克/升。

（4）每亩用二氧化氯 100 克溶解在 15 千克水中后均匀泼洒（按平均水深 1 米计算）。

（5）聚维酮碘和二氧化氯可以交替使用，每种药物可连续使用 2 次，每次用药间隔 2 天。

4. 内服药治疗方法

对于发病池而尚有小龙虾摄食时，可以采用口服抗病毒中草药进行治疗（每吨饲料中拌12.5~25千克中草药，由黄芪、鱼腥草、板蓝根、大青叶等超微粉组成的复方制剂）连续进行投喂4~5天即可。建议在小龙虾预防和治疗疾病时投喂对虾精饲料，并用尼龙网做成饲料台悬挂水中进行投喂，以便观察小龙虾摄食情况。

三、烂鳃病

1. 病原

细菌感染，由变质的水环境引起。

2. 症状

鳃丝破损而引发细菌感染，造成鳃组织溃烂，严重的鳃丝发黑，引起病虾死亡（图3-26）。

图3-26 小龙虾烂鳃病症状

3. 防治方法

彻底改水，清除虾池中的残饵、污物等有毒有害物，保证虾池水质清新，溶氧充足。

（1）任选一种改水。①靓水110，2.5千克/（亩·米），全池均匀抛撒；②底好片，300克/（亩·米），全池均匀抛撒；③底净活水宝，2.5千克/（亩·米），兑水1 000倍，全池均匀泼洒；

④水质保护解毒剂，500 克/（亩·米），全池均匀抛撒。

（2）外用（任选一种）。①二氧化氯 250 克/（亩·米）+愈血停 250 克/（亩·米），分别加水混匀后再兑水 1 000 倍，全池均匀泼洒；②渔经水吾 250 毫升（亩·米）+愈血停 250 克/（亩·米），兑水 1 000 倍，全池均匀泼洒；③渔经水本 250 毫升/（亩·米），兑水 1 000 倍，全池均匀泼洒。

四、黑鳃病

1. 病原

鳃丝受细菌感染而引起。

2. 症状

黑鳃病主要是由于水质污染严重，虾鳃丝受真菌感染引起。症状是鳃由红色变为褐色或淡褐色、直至完全变黑，鳃萎缩，病虾往往伏在岸边不动，最后因呼吸困难而死（图 3–27）。

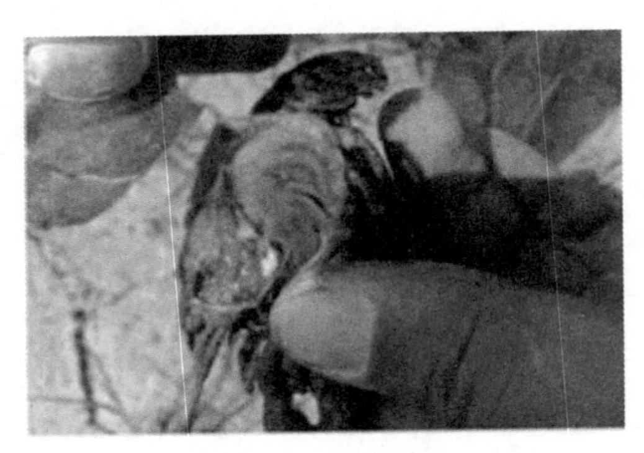

图 3–27　小龙虾黑鳃病症状

3. 防治方法

彻底改水，清除虾池中的残饵、污物等有毒有害物，保证虾池水质清新，溶氧充足。

（1）任选一种改水。①靓水 110，2.5 千克/（亩·米），全池均匀抛撒；②底净活水宝，2.5 千克/（亩·米），兑水 1 000 倍，全池均匀泼洒；③水质保护解毒剂，500克/（亩·米），全池均匀抛撒；④福底安，150克/（亩·米），全池均匀抛撒。

（2）外用（任选一种）。①二氧化氯200克/（亩·米）+霉净20克/（亩·米），兑水1 000倍，全池均匀泼洒。霉净提前用水浸泡3~5小时后配合使用。②渔经水吾250毫升/（亩·米）+愈血停250克/（亩·米），兑水1 000倍，全池均匀泼洒。

五、烂尾病

1. 症状

烂尾病是由于小龙虾受伤、相互蚕食或被几丁质分解细菌感染引起的。感染初期病虾尾部有水泡，边缘溃烂、坏死或残缺不全，随着病情的恶化，溃烂由边缘向中间发展，严重感染时，病虾整个尾部溃烂掉落。

2. 防治方法

运输和投放虾苗虾种时，不要堆压和损伤虾体。饲养期间饲料要投足、投匀，防止虾因饲料不足相互争食或残杀。发生此病，用茶粕15~20克/米^{3}浸液全池泼洒；或用生石灰5~6千克/（亩·米）溶水全池泼洒。

六、聚缩虫病

1. 症状

聚缩虫病病原为聚缩虫，症状为虾难以顺利蜕壳，病虾往往在蜕壳过程中死亡，幼体、成虾均可发生，对幼虾危害较严重。

2. 防治方法

彻底清塘，杀灭池中的病原体。发生此病可经常大量换水，减少池水中聚缩虫数量。

七、纤毛虫病

1. 病原

由钟形虫、聚缩虫、单缩虫及累枝虫等引发。

2. 症状

病虾鳃部变成黑色，附肢及体表呈灰黑色，绒毛状。病虾离群独游，摄食不振，蜕壳困难，容易引起细菌感染而发生大量死亡（图 3-28）。

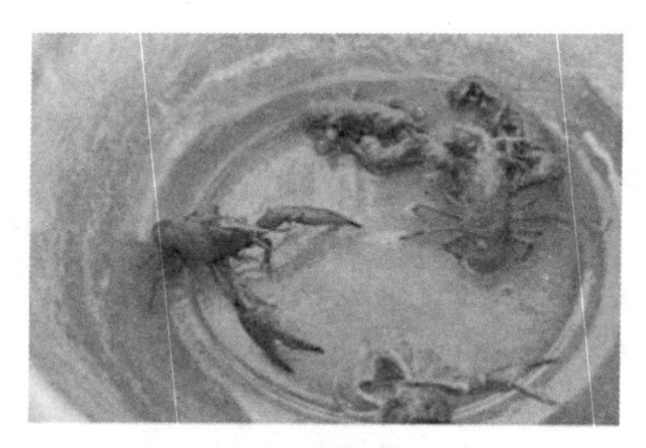

图 3-28　小龙虾纤毛虫病症状

3. 防治方法

（1）保持合理的放养密度，注意虾池的环境卫生，经常换新水，保持水质清新。用 3%~5%的食盐水浸洗病虾，3~5 天为 1 个疗程，或者用 25~30 毫克/升的福尔马林溶液浸洗 4~6 小时，连续 2~3 次。

（2）在养殖过程中，每 10 天交叉改底和培水 1 次，可有效预防纤毛虫病的发生。改底可用底净活水宝 2. 5 千克/（亩·米）兑水 1 000 倍泼洒，或者用水质保护解毒剂 500 克/（亩·米）全池抛撒；培水可每亩用光合细菌液 1 千克+好水素 500 克+密肽 250 克兑水浸泡后全池均匀泼洒（按平均水深 1 米计算）。

（3）发生纤毛虫病后，可用二氧化氯 200 克/（亩·米），兑水 1 000 倍，全池均匀泼洒清水；第二天用辛硫磷 350 克/（亩·米），兑水 1 000 倍，全池均匀泼洒。

八、肠炎病

1. 病因

水质底质不良、饲料变质，均可造成此病的发生。

2. 症状

腹脐肠管有红色节点。

3. 防治方法

（1）彻底改良底质（任选一种）。①二氧化氯，350 克/（亩·米），全池抛撒；②底好，300 克/（亩·米），全池抛撒；③靓水 110，2.5 千克/（亩·米）全池均匀抛撒；④底净活水宝，2.5 千克/（亩·米），兑水 1 000 倍，全池均匀泼洒。

（2）不投喂变质饲料。

（3）外用。渔经水吾 250 毫升/（亩·米），兑水 1 000 倍，全池泼洒，可连用 2 次；或用二氧化氯 250 克/（亩·米），兑水 1 000 倍，全池泼洒，可连用 2 次。

（4）内服（任选一种）。①恩诺沙星 100 克+电解多维 20 克拌饲料 10 千克，每天 1 次，连续投喂 5~7 天；②康血乐 100 克+虾蟹多维宝 250 克拌饲料 20 千克，连喂 5~7 天。

九、螯虾瘟

1. 病原

由真菌引发。

2. 症状

体表黄色或褐色斑块向内溃烂，是由真菌发展深入体内，攻击中枢神经系统。

3. 防治方法

此病的治疗方法不多，平时注意水环境的管理，保持饲养水体清新，维持正常的水色和透明度，是防治此病的有效方法。

（1）每月用靓水110或渔经底好片改良水质1~2次。

（2）发病后，用二氧化氯250克/（亩·米）+愈血停250克/（亩·米）分别加水混匀后再混合泼洒，或用渔经水吾250毫升/（亩·米）+愈血停250克/（亩·米），兑水1 000倍全池均匀泼洒，连续泼洒2次可预防本病。

十、蜕壳不遂症

1. 病原

该病属一种生理性疾病，由于饲料中缺乏所需矿物质元素，在生态环境不适时宜发生。同时，在受到寄生虫侵袭或细菌感染，也可导致蜕壳困难。

2. 症状

病虾不摄食，背甲上有明显的斑点，蜕出旧壳困难。

3. 防治方法

（1）根据淡水小龙虾蜕壳周期定期泼洒渔经可乐（EM菌）、养水专家或好水素，保持良好的水体环境。

（2）每月用生石灰5千克/（亩·米）或含氯石灰700克/（亩·米），兑水1 000倍全池泼洒1次，中和水质，增加虾塘中的钙含量。

（3）每月用虾蟹蜕壳促长散内服5~7天，用量为10克拌饲料10千克。

（4）发病期间停止投喂饲料，保持水体稳定与环境安静。同时，用活力钙100克/（亩·米），兑水1 000倍，全池均匀泼洒。

十一、藻类附着病

1. 症状

病虾鳃部为黑色或褐色，呼吸困难，附肢似有棉絮状附着物，附着物是绿色或褐色，一般老池塘的水体易诱发此病。

2. 防治方法

(1) 在养殖过程中把水培活，坚持每10天交叉改底和培水1次，可有效控制该病的发生。改底每亩水体用底净活水宝2.5千克兑水1 000倍全池均匀泼洒，或者每亩水体用水质保护解毒剂500克全池抛撒；培水可每亩用渔经可乐1千克+好水素500克+密肽250克兑水浸泡后全池均匀泼洒。

(2) 彻底改良水质，每亩用24%溴氯海因粉50~80克，兑水1 000倍全池泼洒，第二天每亩用纤车净350克，兑水2 000倍全池均匀泼洒。

第八节 全年管理与投入品使用技术

一、1—2月

水温控制在-3~10℃，水温低，小龙虾处于冬眠期，栖息在洞穴、草丛中越冬。

水位控制、注意肥水、调节水质、预防青苔发生。

1. 水位

保持田间水位在40~70厘米。

2. 肥水

虾稻生物肽肥0.75~2千克/(亩·米)或龙虾肽肥1.5~3千克/(亩·米)+硅藻膏0.5~1千克/(亩·米)。

3. 青苔处理

第一天用青苔速净或虾瘟灵+黑金或蓝精灵；第二天用解毒精华解毒。

二、3月

水温控制在3~17℃，水温逐渐升高，部分小龙虾开始觅食。肥水、护草、控苔、投料、除杂、解毒、投食、肥水补钙。若为新池，则需整田水草移植肥水培藻（3月下旬，水温大于15℃，天气晴好就可放苗）。

1. 清除野杂鱼及预防病害

使用杂鱼病菌清。以池塘水深30厘米计，每亩用300~350毫升。也可以使用科洋清塘净B，以池塘水深20厘米计，2~3亩/瓶。

2. 改底解毒

使用强力底净改底；使用解毒精华300~500毫升/（亩·米）或使用水质保护解毒剂0.5~1千克/（亩·米）；解除农药残留、重金属等有毒有害物质，有效避免秸秆在分解过程中产生的不良水质及危害。

3. 投食

小龙虾逐渐摄食，此时可使用科洋虫菌发酵料，日投喂量为虾体重的0.5%~1%。

4. 肥水补钙

使用复合生物钙+虾稻生物肽肥或钙力宝+龙虾肽肥，进行肥水补钙。定期补充小球藻250~500毫升/（亩·米）。

5. 青苔处理

使用青苔速净，用量为1~2千克/（亩·米）。

6. 成虾与幼虾捕捞

捕大留小，及时上市。

三、4月

水温控制在9~21℃，小龙虾摄食旺盛，处于快速生长蜕壳期；投放虾苗、杀菌消毒、饲料投喂、定期加水、肥水调水、幼虾与成虾捕捞；控草，手动割草或机割。

1. 投放虾苗

新田每亩投放5 000~8 000只虾苗，规格160~240只/千克；老田，视其原有密度，适当补充虾苗。

2. 消毒杀菌

虾苗下田前用虾蟹免疫应激灵药浴，第二天全池泼洒杀毒灵或病毒净，进行水体消毒，预防5月虾瘟病。

3. 饲料投喂

小龙虾处于快速生长期，饲料蛋白含量应保持充足，可使用虫菌发酵料与配合饲料按1：(1~2) 比例加入投喂，日投喂量为虾体重的4%~10%，白天占日投喂量的30%，傍晚占日投喂量的70%，配合益生菌使用效果更佳。

4. 肥水调水

使用虾稻生物肽肥0.75~2千克/（亩·米）或龙虾肽肥1.5~3千克/（亩·米）+硅藻膏0.5~1千克/（亩·米），以保持水质的“肥、活、嫩、爽”，透明度控制在30~40厘米，定期补充小球藻250~500毫升/（亩·米）效果更佳，视水质情况，适当补充超能凝结芽孢乳或光合细菌进行调水。

5. 幼虾与成虾捕捞

及时上市。

四、5月

水温控制在16~27℃，5月开始在虾沟里种植轮叶黑藻等；小龙虾处于最佳生长期，蜕壳高峰期，虾病高发期。

5月下旬开始准备水稻基肥：虾稻生物肽肥。日常投料、水质管控、加强补钙、疾病防治、成虾捕捞；控草，手动割草或机割。

1. 日常投料

保持饵料投喂充足，虫菌发酵料+成虾料。

2. 水质管控

每7~10天加注新水1次，定期使用虾稻生物肽肥或龙虾肽肥，以保持水体透明度30~40厘米，每7~15天泼洒1次小球藻+藻黄金+益生菌或小球藻+藻白金+益生菌进行培藻培菌，每15天左右全池泼洒凝结芽孢乳或光合细菌；对于恶化水质，酌情增加使用次数。

3. 加强补钙

每 10 天左右使用钙力宝或复合生物钙补钙 1 次，预防小龙虾蜕壳不遂。

4. 疾病预治

（1）黑鳃病。第一天用虾蟹肠胃康或虾瘟灵全池泼洒，第二天用杀毒灵或病毒净全池泼洒消毒，3 天后用解毒精华+强力底净。

（2）5 月虾瘟。第一天用虾瘟灵全池泼洒，隔天使用水质保护解毒剂+调水增氧灵。

（3）纤毛虫。第一天用纤虫蓝藻净全池泼洒，第二天使用水质保护解毒剂+调水增氧灵。

5. 成虾捕捞

捕大留小，及时上市。

五、6 月

水温控制在 21～33℃，小龙虾蜕壳高峰期，水温逐渐升高，蓝绿藻易暴发，水质易恶化；水稻处发芽育苗期。6 月中旬种植中稻投料补钙、防控蓝绿藻、放水整田、育苗插秧、肥田育秧、补种水草、成虾捕捞。

1. 投料补钙

正常投料情况下，每 10 天左右使用钙力宝或复合生物钙补钙 1 次，预防小龙虾蜕壳不遂。

2. 防控蓝绿藻

当水体出现蓝绿藻暴发情况时，使用纤虫蓝藻净全池泼洒，第二天使用水质保护解毒剂+调水增氧灵+小球藻；蓝绿藻预防：定期使用凝结芽孢乳、益生菌或光合细菌等生物制剂，防止蓝绿藻暴发。

3. 放水整田

6 月 10 日左右，放水整田栽稻，田间浑浊水禁混入环形沟；

水稻直播或插播，保持适当行距 30 厘米。

4. 肥水育秧

使用虾稻生物肽肥作为稻田基肥，每亩 7.5~15 千克；适当追肥，每亩 2.5~5 千克/次。

5. 补种水草

环形沟里适当补种轮叶黑藻。

6. 成虾捕捞

捕大留小，及时上市。

六、7 月

水温控制在 25~39℃，水温过高、水质恶化、小龙虾活动量相对减少、水稻分蘖。加强水稻管理、加强水质调控、适时换水。根据水稻生长及分蘖期的营养需求，适当增加追肥次数，虾稻生物肽肥每亩 2.5~5 千克/次；每 10 天左右使用凝结芽孢乳、益生菌等生物制剂，进行水质调控；大规格虾及时捕捞，上市。

七、8 月

水温控制在 22~39℃，小龙虾交配期，水稻处于营养生长、生殖生长并进阶段，8 月是产量形成的关键时期。出售或投放、增补亲虾，加强水稻管理。

增补亲虾，每亩 10 千克左右，规格：30~40 克/只（也可在 9 月进行补种）。科学地做好水稻肥水管理和病虫害的预防，合理地灌水晒田。追施虾稻生物肽肥，每亩 2.5~5 千克/次。适当投喂虫菌发酵料。

八、9 月

水温控制在 17~30℃，小龙虾进入产卵期，水稻进入结实期（成熟），易倒伏和早衰，加强水稻管理。田间管理应以养根保叶、防止早衰、提高光合效率、促进灌浆、提高结实率和粒重为目标，并做好病虫害防治工作。每亩可追肥 2.5~3 千克虾稻生物肽肥；肥水培藻，使用虾瘟灵防控青苔。适当投喂虾饲料和虫菌发酵料。

九、10 月

水温控制在 15~24℃，小龙虾进入孵化期，在自然情况下，亲虾在交配后，就开始掘洞；稻穗成熟，晒田收稻。准备割稻谷。适当投喂虾饲料和虫菌发酵料；环沟每亩可追肥 2.5~3 千克虾稻生物肽肥；并用小球藻肥水培藻，防控青苔。使用虾瘟灵防控青苔生长。10 月至翌年 2 月开始新的虾稻田基本建设：挖环形沟，建田坝、平台、进排水口、防逃设施、杀虫灯等工程。

十、11 月

水温控制在 10~18℃。小龙虾活动量及摄食量减少，大部分成年小龙虾进入洞穴；幼虾觅食；虾苗大量出现；水稻收割完毕，秸秆晒至枯黄。稻田缓慢加水、秸秆腐熟、移植水草、肥水培藻、防控青苔、适当投料。

1. 秸秆腐熟

秸秆晒干后，缓慢上水浸泡（泡至松软），时间在 11 月中旬；使用秸秆分解剂，2 000 克/亩，间隔 7 天，连用 2 次；如果水色呈浓酱油色和红褐色，先排出部分水至田面上 20 厘米，使用解毒精华 300~500 毫升/（亩·米）或使用水质保护解毒剂 0.5~1 千克/（亩·米）解除水体毒素。

2. 水草移植

种植伊乐藻，田间行距 8 米；回形沟内每亩 15~20 千克水草为宜，沟岸边栽两旁，行距 8 米。

3. 肥水培藻

（1）使用虾稻生物肽肥 0.75~2 千克/（亩·米），配合使用小球藻 250~500 毫升/（亩·米）效果更佳。

（2）使用龙虾肽肥 1.5~3 千克/（亩·米）+硅藻膏 0.5~1

千克/（亩·米）+小球藻 250~500 毫升/（亩·米）。

4. 防控青苔

虾稻生物肽肥 1~3 千克/（亩·米）+科洋黑金 2~3 千克/（亩·米）或科洋黑金 2~3 千克/（亩·米）+硅藻膏 1 千克/（亩·米）+龙虾肽肥 1.5~3 千克/（亩·米）。小龙虾投喂虫菌发酵料+幼苗料。

十一、12 月

水温控制在 3~12℃。小龙虾减少摄食，进入洞穴，处于冬眠期；稻田秸秆腐烂；水温低小龙虾摄食量下降。适当投料、水位控制、注意肥水、管理水草、防控青苔。水位控制适当加深水位至 30~40 厘米，保暖过冬。定期使用虾稻生物肽肥、龙虾肽肥、硅藻膏等，使用方法同 11 月，视水体肥瘦情况而定。根据田间青苔情况，合理使用黑金+硅藻膏+龙虾肽肥，使用方法同上。水温超过 5℃的晴天，小龙虾投喂虫菌发酵料+幼苗料。

第四章　水质修复与营养促健

近年来，有涉渔企业在水质修复与营养促健防控病害技术上引进国外技术，生产出利用生物技术、营养促健技术防控水生病害的制剂：融净美、细胞能、藻激活素、草乐兹和多融等。这些制剂对稻-虾-鱼综合种养中的水质修复营养促健与病害防控具有多重作用。

第一节　复效益生菌水质调节剂——融净美 ECOPRO

一、作用与功能

1. 制剂成分

多种益生菌、有机营养、次氯酸中和剂。

2. 制剂特点

含精选益生菌和100%有机营养；净水、抑菌、改底和促进生长；有效分解水体中的有机物颗粒；分解革兰氏阴性菌产生的黏多糖；快速吸收氨态氮和亚硝酸盐。

与同类产品区别：①市场上都是单一菌种，单一作用方向，融净美为多种有益菌种按比例配合，达到最佳效果；②融净美有低温型和高温型两种（图 4-1），其他产品只有高温型。

3. 作用机制

（1）益生菌通过释放胞外酶分解水体中的有机物颗粒。

（2）分解由革兰氏阴性细菌产生的黏多糖，黏多糖会在池底

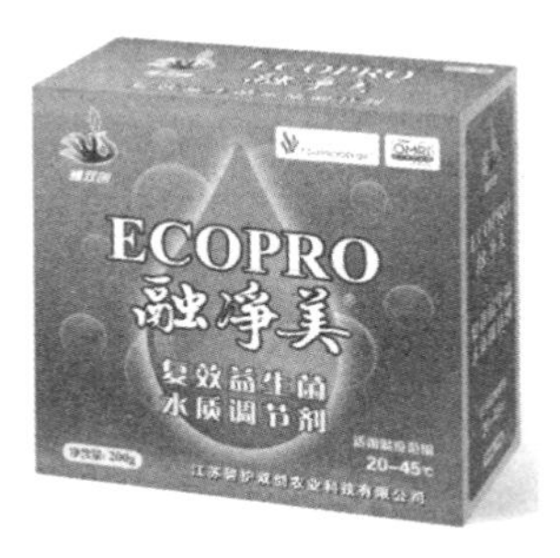

图 4-1　融净美 ECOPRO 制剂（高温型：20~45℃；低温型：3~25℃）

造成氧气的物理屏障，导致产生厌氧沉积物。

（3）比革兰氏阴性细菌更有效利用溶解性营养，防止革兰氏阴性细菌的滋生。

（4）快速吸收水体中溶解的氨态氮和亚硝酸盐。

（5）通过竞争营养和产生抗菌活性产物减少有害细菌（弧菌）的种群。

（6）提高养殖动物消化系统中消化酶的产生（淀粉酶、脂肪酶、胰蛋白酶），提高饲料和蛋白质的转化效率，减少饲料成本，促进养殖动物生长和提高产量。

（7）减少或消除换水的需求，节约能源，减少将有害微生物带入养殖系统中的风险。

4. 目前水产池塘存在的问题

（1）集约化养殖对沉积物的影响（图 4-2）。

（2）集约化养殖对水体物的影响因素（图 4-3）。

疾病发生交集的因子见图 4-4。逆境胁迫包括物理（养殖操作）、营养（饮食不足）、环境改变。

5. 融净美功能与作用

（1）融净美通过酶分解颗粒有机物，减少池底产生导致厌氧发酵的黏多糖膜。采用益生菌养虾后池底的沉积物很少。

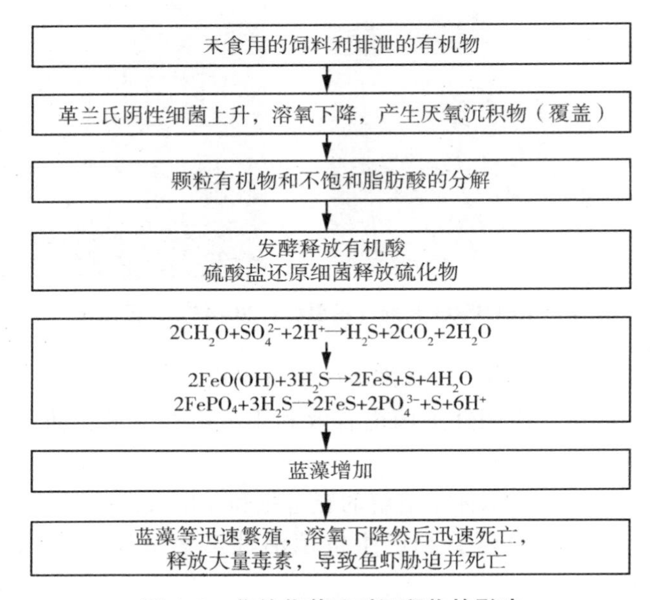

图 4–2　集约化养殖对沉积物的影响

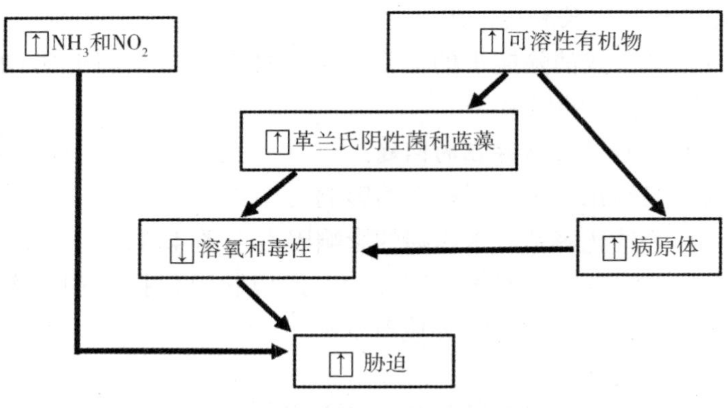

图 4–3　集约化养殖对水体的影响因素

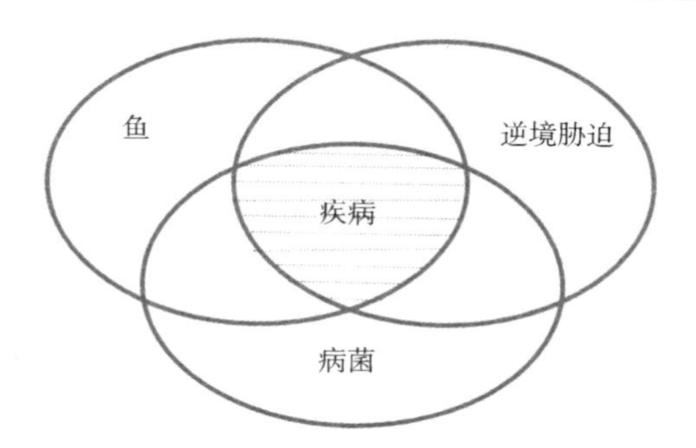

图 4-4　疾病发生交集的因子

（2）融净美降解可溶性有机质（图 4-5）。

图 4-5　分解和吸收可溶性有机质

（3）融净美降解氨态氮（图 4-6）。

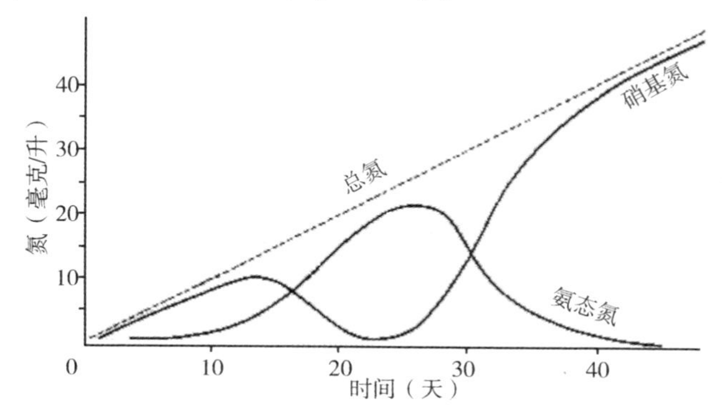

图 4-6　硝化细菌作用曲线

（4）融净美降低饲料系数。融净美通过吸收可溶性有机物和无机废物，帮助形成絮团，将营养转化进食物链，向鱼虾提供有机营养，从而降低饲料系数。

（5）融净美控制疾病。融净美通过减少病原体的食物（可溶性有机质），使塘中溶氧升高，维持水质、底质清洁和高溶氧，产生天然的抗生素、多糖，保护鱼类，帮助其伤口愈合，从而控制病原体和疾病。

二、应用案例

1. 融净美处理虾池污水——泰国案例

经融净美处理后，污水变得清澈洁净（图4–7）。

图4–7　经融净美处理后，污水变得清澈洁净

2. 南美白对虾应用融净美效果——哥伦比亚案例

试验安排在哥伦比亚，分为两个处理，即对照和融净美处理，对照为27公顷商业生产池塘，融净美处理为2公顷池塘，深1.5米。养殖密度为37只/米^3。养成对虾重量为13克/只。融净美使用方法：一周使用6次，每个养殖周期12千克/公顷。

试验结果：南美白对虾使用融净美后，增产43%，饲料效率提高33%，利润提高227%，养殖周期由90天缩短到80天，沉积物积累深度从50厘米减少到10厘米，沉积物由黑色转为棕色，缩短池塘的准备时间，无蓝藻，无弧菌，虾质量明显改善，外壳坚硬，颜色天然，口味更佳（表4–1）。

表 4-1　南美白对虾应用融净美效果

参数	对照	融净美处理	效益
产量（千克/公顷）	2 000	2 867	867（+43%）
产量（千克/公顷）	9 280	13 301	4 021（+43%）
饲料系数	1.2	0.8	0.4（-33%）
饲料用量（千克）	2 400	2 293	-107（-4.46%）
饲料成本（美元/公顷）	3 120	2 981	-139
其他成本（美元/公顷）	4 457	4 457	0
融净美成本（美元/公顷）	0	300	+300
总生产成本（美元/公顷）	7 577	7 738	+161
利润（美元/公顷）	1 703	5 563	3 860（+227%）

3. 融净美对海洋观赏鱼养殖场弧菌的影响——美国佛罗里达案例

融净美：1 次使用干粉制剂 7.9 毫克/升，1 周后调查计数，结果表明弧菌降低十分显著（表 4-2，图 4-8）。

表 4-2　融净美对海洋观赏鱼类弧菌的影响

样品	始数（CFU/毫升）	终数（CFU/毫升）	降低率（%）
1	> 800	4	99.5
2	3 330	12	99.6
3	660	4	99.4
4	410	28	93.2
5	300	12	96.0
6	1 530	0	100

4. 融净美在南美白对虾上的应用效果——江苏如东案例

池塘 225 米^3，0.8～1.2 米深，虾苗 20～23 天淡化后，投苗密度 90 只/米^3，生长 60 天，饲料用量 700 千克/亩，饲料价格 9 元/

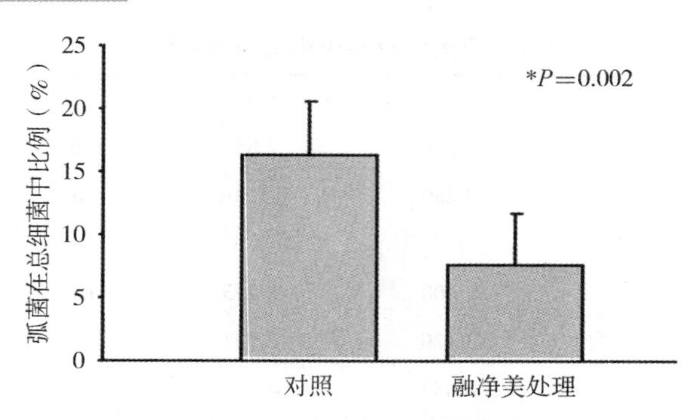

图 4–8　融净美减少微生物群落中的弧菌

千克。试验分为两个处理：常规养殖和融净美处理。融净美每月使用 10 次，每次 48 毫克/米³。监测 NO_2和 NH_3。

试验结果：与对照相比，南美白对虾应用融净美增产 50%，虾重增加 47%，每亩增收 1.7 万元（表 4–3）。

表 4–3　融净美在南美白对虾上的应用效果

参数	对照	融净美处理	效益
产量（千克/亩）	500	750	250（+50%）
虾重（克）	8.93	13.16	4.23（+47.37%）
价格（元/千克）	11	13	2（+18.18%）
销售额（元/亩）	22 000	39 000	17 000
饲料系数	1.4	0.9	−0.5（−42%）
苗种（元/亩）	2 190	2 190	0
电费（元/亩）	6 000	6 000	0
其他成本（元/亩）	3 000	2 800	−200
融净美成本（元/亩）	0	640	640
饲料成本（元/亩）	6 300	6 300	0
总生产成本（元/亩）	17 490	17 930	440
利润（元/亩）	4 510	21 070	16 560（+367%）

监测虾池 NH_3变化规律表明，常规养殖虾池 NH_3浓度变化很

大，3 月 28 日 0.25 毫克/升，一个月后，4 月 28 日就提高到 0.9 毫克/升；而融净美处理 NH_3 浓度变化不大，一个月后由 0.1 毫克/升提高到 0.2 毫克/升，NH_3 浓度很低，明显改善了水环境（图 4-9）。

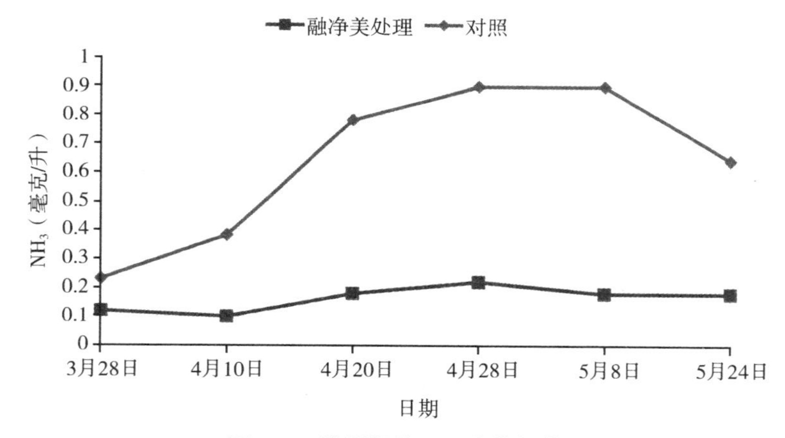

图 4-9　监测虾池 NH_3 变化规律

监测虾池 NO_2 变化规律表明：常规养殖虾池 NO_2 浓度变化很大，1 个月就由 0 提高到 0.2 毫克/升；而融净美处理 NO_2 浓度没有变化，基本处于零状态，保持了良好的水环境（图 4-10）。

5. 斑节对虾应用融净美效果——印度尼西亚案例

养殖虾池 3 500 米^3。每个虾池的水再循环到沉淀池（750 米^3），然后到氧化池（750 米^3），再返回到培养池。用融净美处理 4 个重复培养系统，另 4 个作为对照。每天喂虾 4~6 次。在所有处理下，每天 24 小时对水进行通气。以每天 20 毫克/米^3（每周 140 毫克/米^3）的速率添加融净美干粉。

采虾时用 PCR 检测白斑病毒，两种处理下检测的所有虾对该病毒均呈阳性。融净美处理后，虾体仍带有病菌，但环境很好，没有胁迫，因此产量很高（表 4-4）。

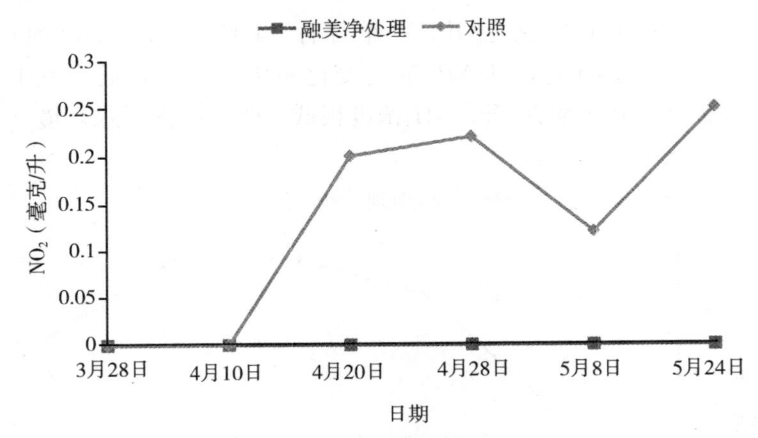

图 4-10　监测虾池 NO_2 变化规律

表 4-4　斑节对虾应用融净美效果

参数	对照	融净美处理	差异
虾重（克/只）	29	40	11（+37.9%）
产量（吨/公顷）	1	10.2	9.2（+920%）

6. 罗非鱼应用融净美效果——美国佛罗里达案例

24 个 45 米^3 圆池，2 个 165 米^3 跑道池，每立方米 30 千克鱼，池中无絮团。添加融净美 30 毫克/米^3/天，并减少换水，增加絮团。

与对照相比罗非鱼应用融净美效果：节约饲料 35%；由全天 24 小时增氧缩短为 7 小时；节约用水 80%；节约能源 25%（表 4-5）。

表 4-5　罗非鱼应用融净美效果

参数	对照	融净美处理
饲料系数	1.45	0.95
节省饲料	—	34.48%
增氧时长（天）	24	7
节约用水	—	80%
节约能源	—	25%

7. 感染链球菌的罗非鱼应用融净美效果

试验结果发现，对照中23%存活，融净美使用剂量250毫克/周，治疗1周后存活率达到95%。

8. 用融净美对鲟鱼进行生物防治

融净美添加量为300毫克/米^3（干粉）或30毫升/米^3，融净美治愈受外伤的鲟鱼死亡率降低（图4-11、图4-12）。将16条有外伤的鱼放入2个4米^{3}的池中，用2克融净美/米^{3}处理。18天后，16条鱼的状况：1条死亡，11条伤口完全愈合，4条未治愈。

图4-11 生物防治池

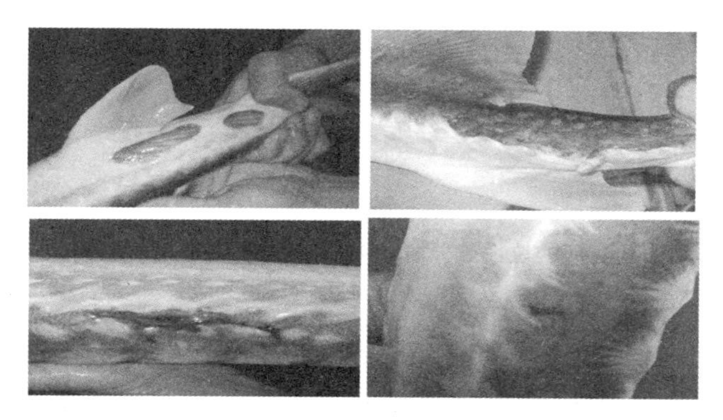

图4-12 融净美治愈受外伤的鲟鱼

9. 融净美减少饵料，改善饲料系数——安徽黄山案例

安徽黄山养殖户反映，使用融净美后，鱼不怎么摄食，担心产品对鱼有刺激。菲利普博士（融净美研发者）答复：如果有益菌正在发挥它们的作用，它们吸收废物，形成细菌组织，帮助形成絮状物，这是鱼类的天然食物。鱼更喜欢吃天然的食物，而不是浓缩的食物，所以这对鱼的生长更好，也为养殖者节约成本。

投喂的饲料利用率只有 30% 以下，大多数被污染，而通过融净美能使饲料再次得到利用。让整个系统变得清洁、健康、充满活力。

10. 融净美安全有效处理水草挂脏——湖北洪湖案例

水草挂脏处理见图 4-13。

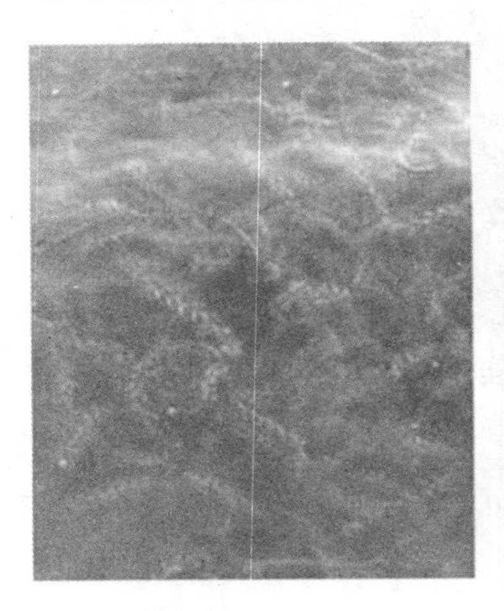

使用前

使用后

图 4-13　池塘底部的垃圾被分解上浮使用后 3 天的水色清亮，水草干净

三、使用方法

融净美使用过程见图 4-14。

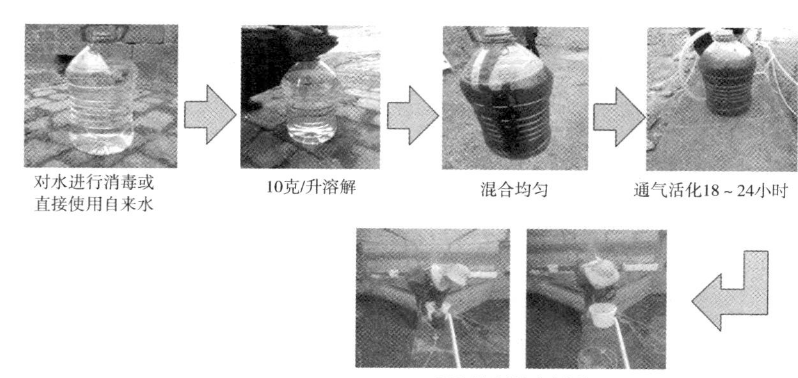

图 4-14　融净美使用过程

注：市场上其他红糖发酵菌剂可以繁殖但不会产生对池塘有益的代谢产物。

第二节　细胞活化剂——细胞能 ECOSIL

一、作用与功能

1. 制剂成分

单硅酸。

2. 制剂特点

提升水产动物免疫力，培藻，培水，唯一可以被细胞直接吸收的硅化物；改底，真正修复底质；沉淀重金属，解毒（图 4-15）。

与同类产品区别：①单硅酸可以直接被吸收利用，补充硅；②硅含量高；③消除蓝藻，效果持久，不会造成水体中毒；④固化重金属效果持久，基本不可逆；⑤不会产生有害物质。

3. 作用机制

（1）单硅酸可以穿透细胞壁被藻细胞直接吸收，促进藻类合成应激蛋白和过氧化物酶，强化藻类适应外界变化的能力。

图 4-15　细胞能（单硅酸）ECOSIL

（2）单硅酸通过激活微生物的活性来破坏由革兰氏阴性细菌产生的黏多糖，黏多糖在池底对氧气形成物理屏障，导致厌氧反应使底物恶化。

（3）单硅酸可促进水中革兰氏阳性细菌（解淀粉芽孢杆菌）的生长，净化水体。

（4）单硅酸作为具有高活性的可溶性硅化物，使水中的重金属离子快速吸附在底泥颗粒表面，起到固化重金属的作用。单硅酸通过抑制铁离子的含量，降低了海水池甲藻暴发的风险。

（5）单硅酸释放底泥中固定态的磷，平衡水体氮磷比。

4. 池塘养殖水中的硅含量

从进水口和池塘水中的硅含量数据发现，水中硅含量损失严重，急需补充硅，单硅酸作为唯一可以被细胞直接吸收的硅化物，细胞能显著提高水体中的硅含量（表 4-6）。

表 4-6　池塘养殖水中的硅含量

重复	进水口水中硅含量（毫克/千克）	池塘水中的硅含量（毫克/千克）
Si-1	14.5	0.11~0.35
Si-2	2.7~2.8	0.3~1.6
Si-3	1.2~1.3	0.3~0.9

5. 细胞能功能与作用

（1）细胞能培藻稳藻（图 4-16）。

（2）细胞能改善池塘底质（图 4-17、图 4-18）。

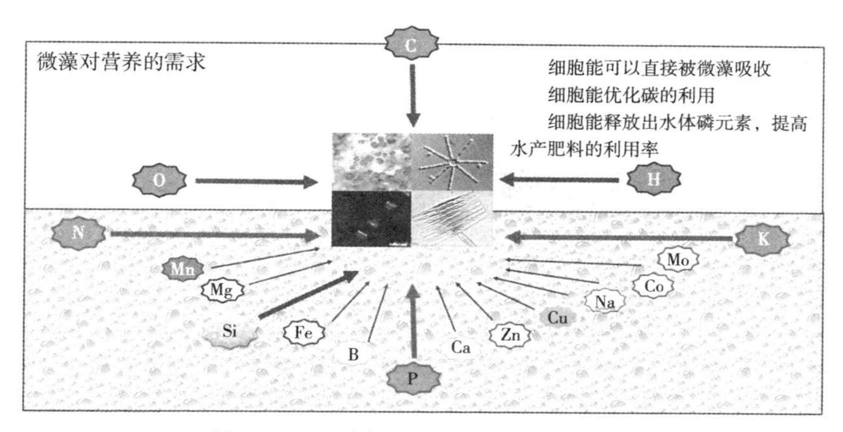

图 4-16　细胞能（单硅酸）功能与作用

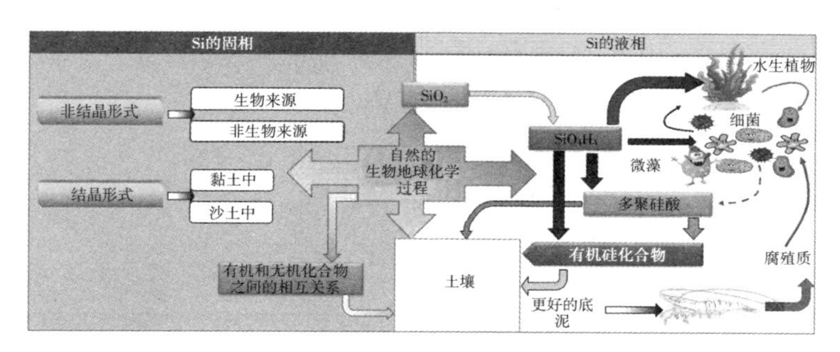

图 4-17　池塘底泥中的硅相

（3）细胞能固化重金属（图 4-19、图 4-20）。

细胞能固化重金属与解磷反应：

$CaHPO_4+Si(OH)_4=CaSiO_3+H_2O+H_3PO_4$

$2Al(H_2PO_4)_3+2Si(OH)_4+5H^+=Al_2Si_2O_5+5H_3PO_4+5H_2O$

$2FePO_4+Si(OH)_4+2H^+=Fe_2SiO_4+2H_3PO_4$

$2Al^{3+}+2H_4SiO_4=Al_2Si_2O_5+2H^++3H_2O$

$2Al^{3+}+2H_4SiO_4+H_2O=Al_2Si_2O_5(OH)_4+6H^+$

$2Fe^{2+}+H_4SiO_4=Fe_2SiO_4+4H^+$

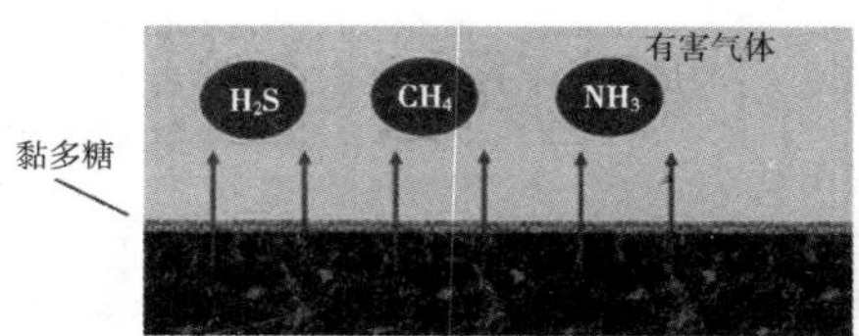

单硅酸通过激活微生物活性，来破坏由革兰氏阴性细菌产生的黏多糖，黏多糖会在池底造成氧气的物理屏障，产生厌氧反应。

形成适合益生菌生存的底质结构，真正有效改底作用。

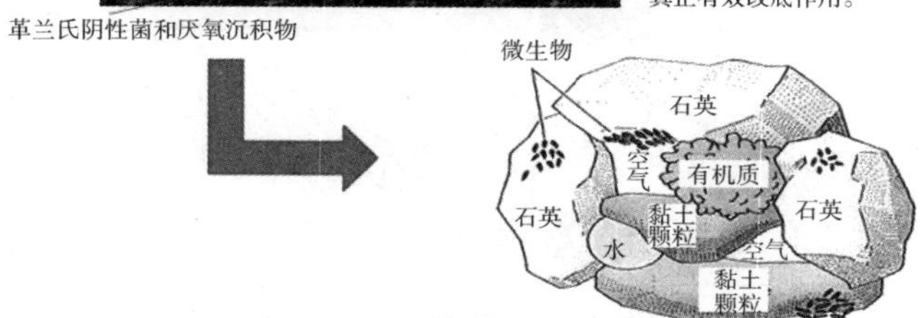

图 4-18　细胞能改善池塘底质

$$Mn^{2+}+H_4SiO_4=MnSiO_3+2H^++H_2O$$

$$2Mn^{2+}+H_4SiO_4=Mn_2SiO_4+4H^+$$

$$2Zn^{2+}+H_4SiO_4=Zn_2SiO_4+4H^+$$

$$2Pb^{2+}+H_4SiO_4=Pb_2SiO_4+4H^+$$

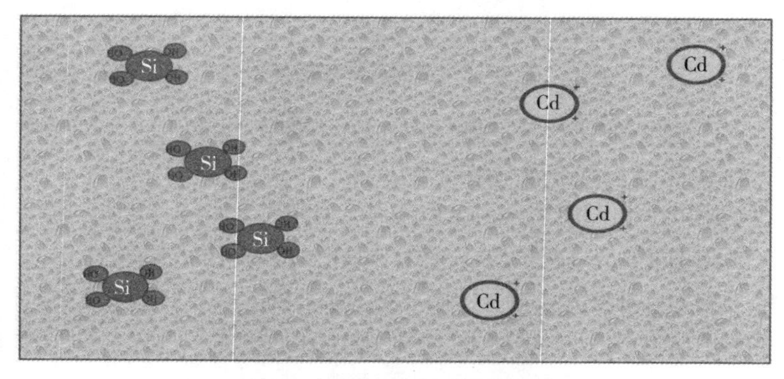

图 4-19　单硅酸在水或溶液中的反应模式

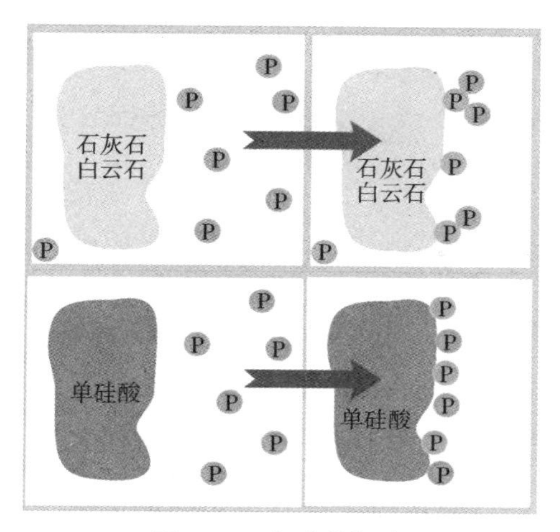

图 4-20　细胞能解磷

二、应用案例

1. 安全高效抑制裸甲藻（红水）

使用前后见图 4-21、图 4-22。

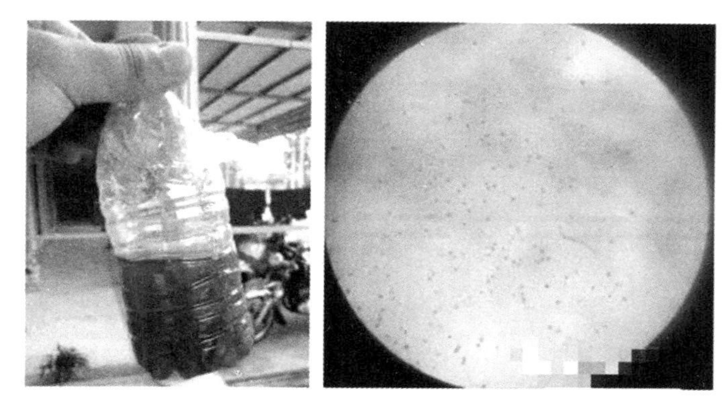

图 4-21　使用前水质检查（裸甲藻）

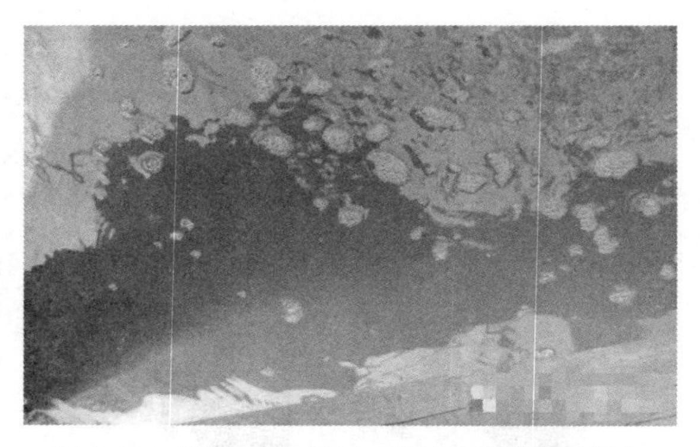

图 4-22　使用 48 小时后，池塘水色转为茶褐色

细胞能通过抑制铁离子的含量，降低了裸甲藻暴发的风险（图 4-23）。

分析指标	方法	单位	报告限	检测结果
pH	GB/T 5750.4	-	-	7.5
总碱度（$CaCO_3$）	SEPA 2002	mg/L	5	174
总硬度（$CaCO_3$计）	GB/T 5750.4	mg/L	5	116
总磷（P计）	GB 11893	mg/L	0.01	0.67
全盐量	HJ/T 51	mg/L	10	411
氨态氮	GB/T 5750.5	mg/L	0.025	0.377
亚硝酸盐氮（N计）	GB/T 5750.5	mg/L	0.02	<0.02
硝酸盐氮（N计）	GB/T 5750.5	mg/L	0.01	0.03
钙	GB/T 5750.6	mg/L	0.01	20.7
铁	GB/T 5750.6	mg/L	0.01	0.02
镁	GB/T 5750.6	mg/L	0.02	13.3
砷	GB/T 5750.6	mg/L	0.005	0.018
硼	GB/T 5750.6	mg/L	0.001	0.149
铬	GB/T 5750.6	mg/L	0.001	<0.001

使用前

分析指标	方法	单位	报告限	检测结果
pH	GB/T 5750.4	-		7.2
总碱度（$CaCO_3$）	SEPA 2002	mg/L	5	584
总硬度（$CaCO_3$计）	GB/T 5750.4	mg/L	5	575
总磷（P计）	GB 11893	mg/L	0.01	1.31
全盐量	HJ/T 51	mg/L	10	1.44×10^4
钙	GB/T 5750.6	mg/L	0.01	199
铁	GB/T 5750.6	mg/L	0.01	<0.01
镁	GB/T 5750.6	mg/L	0.02	503
砷	GB/T 5750.6	mg/L	0.005	0.024
硼	GB/T 5750.6	mg/L	0.001	1.81
铬	GB/T 5750.6	mg/L	0.001	<0.001
铜	GB/T 5750.6	mg/L	0.001	<0.001
汞	GB/T 5750.6	mg/L	0.001	<0.0001
锰	GB/T 5750.6	mg/L	0.001	0.286

使用后

图 4-23　细胞能抑制铁离子的含量

注：检测单位为通标标准技术服务（上海）有限公司。

2. 细胞能改善池塘底质——美国加利福尼亚州案例（图4-24）

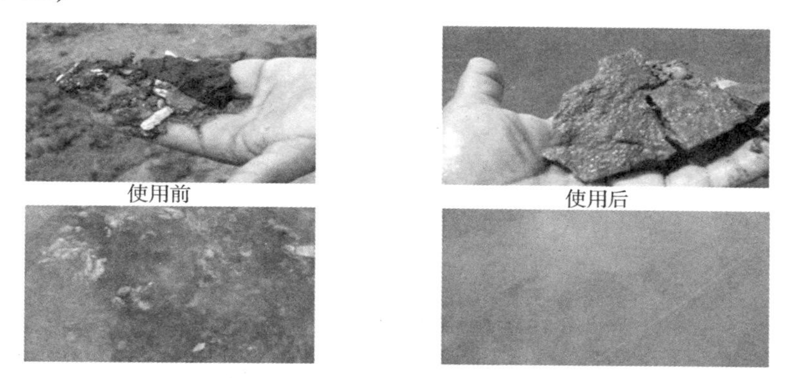

图 4-24　细胞能改善池塘底质

3. 细胞能提高微生物多样性——中国海洋大学检测（图4-25）

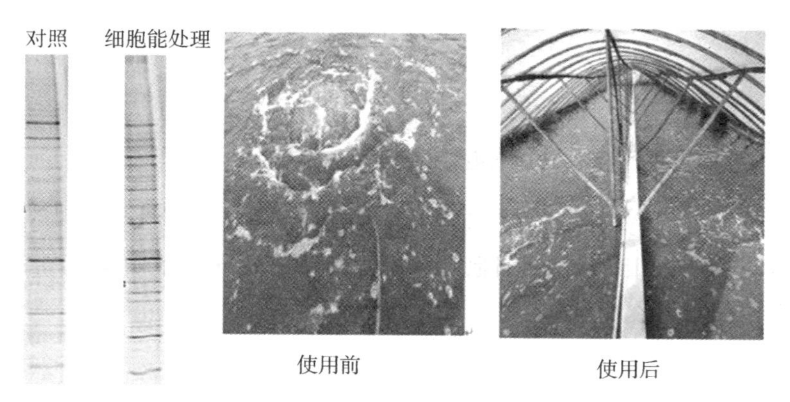

图 4-25　使用前后对比

从 DGGE 电泳图和如东鱼塘使用效果可以看出，使用细胞能后，微生物多样性显著增加（图 4-26）。

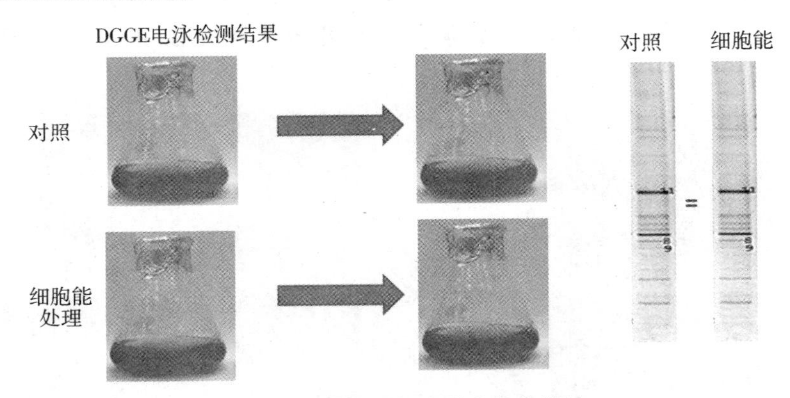

图 4-26 细胞能提高微生物多样性

4. 细胞能使池塘生物达到生态平衡（图 4-27）

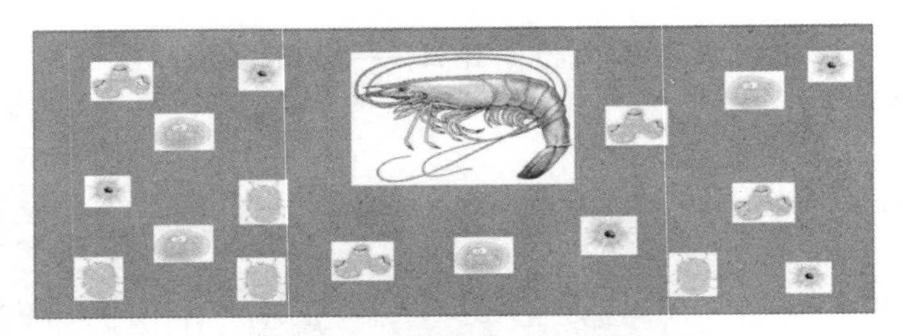

图 4-27 细胞能使池塘生物达到生态平衡

5. 细胞能提高虾的产量——如东案例

与对照相比，应用细胞能，显著提高虾产量，虾产量提高 2.5 倍（表 4-7）。

表 4-7 细胞能提高虾的产量

处理	（头/千克）	存活率（%）	产量（千克/亩）	总收益（元/亩）	与对照相比		
					产量（千克）	增产（%）	效益（元/亩）
对照	100	77	260	11 000	—	—	—
细胞能	60	92	644	36 064	384	248	25 064

三、使用方法

1. 方法

稀释 100 倍，泼洒到池塘表面。

2. 用量

前期清塘：200 毫升/亩。

外塘养殖：每月 60~70 毫升/亩。

工厂化高密度养殖：每月 150~200 毫升/亩。

第三节　藻类生长增强剂——藻激活素 FYNBOS

一、作用与功能

1. 制剂成分

植物源生物刺激质、中微量元素（图 4-28）。

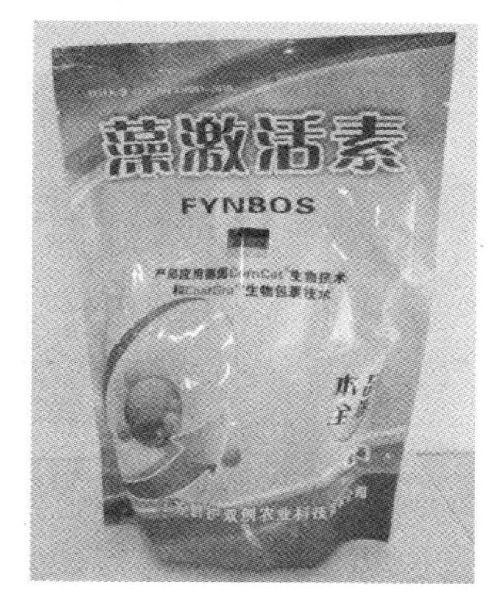

图 4-28　藻激活素 FYNBOS

2. 制剂特点

补充藻类所需的非营养类物质和中微量元素；快速激活水体有益藻类和微生物；解决肥水中藻类的适应性问题；提高藻类的叶绿素含量，促进光合作用，加快藻类细胞增殖；提高藻类对逆境环境的抵抗力，稳定藻相，防治倒藻；低温培水，高温稳水；吸收利用快。

与同类产品区别：低光照条件下进行光合作用，增加藻类生长水层。

3. 作用机制

（1）德国 ComCat ® 技术。ComCat ® 技术是德国科学家依据自然界奇妙的“植物化感”和生态生化学原理，历时 30 年研究开发的，是一种新型复合平衡植物强壮调节剂。①信号。激发藻类产生形态学、生理学和基因水平上的响应。②基因。基因控制藻类的生长反应，以及在环境胁迫条件下的自然防御机制。③蛋白酶。激活的基因进行藻类调节，促进长势、新陈代谢和逆境条件下的抗性增加。④逆境信号。面对逆境时，生物刺激物质激发藻类作出自然防御。

（2）南非 CoatGro™生物包裹技术。CoatGro™是一种生物聚合物黏合剂，将生物刺激素与中微量元素结合，并提高营养的吸收效率。

二、应用案例

江苏如东，2018 年 2—3 月（图 4–29）。

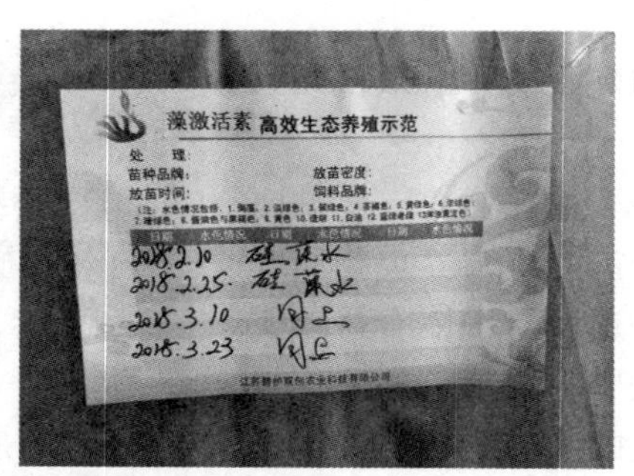

图 4–29　使用藻激活素后，水色明显变化

三、使用方法

用法：兑水溶解后泼洒。

用量：工厂化养殖建议 300 毫克/米^3，每周 1~2 次；土池养殖 3~5 亩/袋，首次剂量加倍。

第四节　水草生长助剂——草乐兹 AQUACAT

一、作用与功能

1. 制剂成分

植物源生物刺激质、单硅酸（图 4-30）。

2. 制剂特点

壮根、防烂根、浮根，低温培草，高温稳草；激活水生植物，提高营养吸收利用率；强健水草根茎，使池塘水草根须密长，茎部粗壮，减少烂根，降低浮根，保持水草活力；高温、天气突变前使用增强水草抗性，减少应激。

图 4-30　草乐兹 AQUACAT

3. 应用技术

德国 ComCat ® 生物技术。

二、应用案例

江苏如东，2018 年（图 4-31）。

使用前

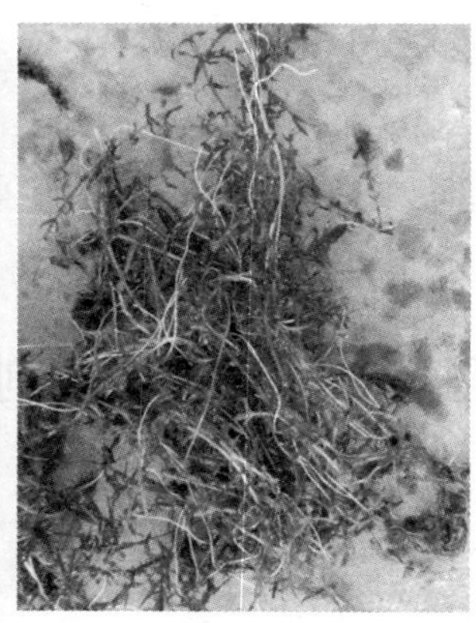
使用后

图 4-31　强健水草根茎

三、使用方法

每包使用 5~8 亩，每 15 天使用 1 次，将本品兑水稀释后针对有水草区域集中泼洒。

草种的拌种，1 千克种子使用本品 10 克。

使用不受天气影响，视具体情况酌情调整使用剂量。

第五节　水产生物助剂——多融 AQUAGRO

一、作用与功能

1. 制剂成分

卵磷脂、维生素 E（图 4-32）。

2. 制剂特点

提供营养；提高饲料转化率、降低饲料系数；提高幼苗的成活率、增强抗病力；包裹各种水溶性和脂溶性物质；提高利用率；味道清香、诱食剂。

3. 作用机制

（1）包裹。利用磷脂双层膜的特性，可包裹各种水溶性和脂溶性物质，可以完全替代黏合剂，适用中草药、有益菌、多种维生素和矿物质的包裹，提高利用率。

图 4-32 多融 AQUAGRO

（2）促吸收。卵磷脂具有优异的生理活性和表面活性作用，可起乳化、润湿、分散及表面活性作用，提供胆胺、磷、肌醇、胆碱及脂肪酸营养，提高饲料能量、营养价值和转化率，降低饲料系数；有助于动物对油脂和脂溶性维生素的消化吸收；提高幼苗的成活率，增强抗病力。

（3）抗应激。大豆磷脂增强水产动物对环境适应能力。

多融由微小/纳米卵磷脂作为运输泡囊，可以包裹不同的活性物质，快速运输通过跨膜进入细胞内，随着泡囊的代谢，活性成分被释放（图 4-33）。

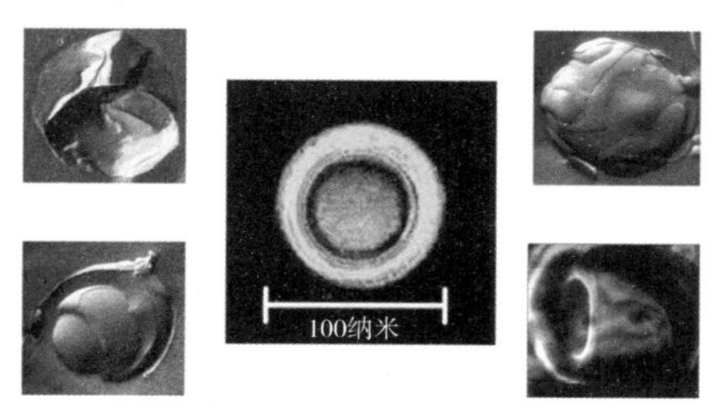

图 4-33 多融卵磷脂作为运输泡囊

二、应用案例

河北唐山。多融提高苗期抗应激能力、加速硬壳（表 4–8）。

表 4–8　唐山鸿通水产白对虾标粗对比

项目	对照组	使用组
处理	维生素 C+钙 30 米^3 的育苗池 换 1 次水 1.5 小时（先排后加） 加水时就使用	维生素 C+钙+多融（兑水混合） 30 米^3 添加多融 5 毫升 换 1 次水 1.5 小时（先排后加） 都加水时就使用
效果	加好水后，虾苗需要 2~3 小时恢复活力，苗损耗大	加好水后，虾苗活力就得到恢复，苗的损耗可以忽略

三、使用方法

每 15 千克水加入 3~9 毫升多融（1~3 袋），建议在当地渔业技术人员指导下与饲料、肥料、药品混合使用。

参考文献

陈昌福，贺中华，孟小亮，等，2008. 湖北省小龙虾养殖现状与产业发展中的技术问题[J]. 养殖与饲料（11）：14-19.

陈昌福，刘远高，何广文，等，2009. 小龙虾暴发病细菌性病原的初步研究[J]. 华中农业大学学报，28（2）：167-169.

陈昌福，2008. 人工养殖小龙虾中出现的问题与对策[J]. 渔业致富指南（17）：16-19.

陈昌福，杨军，刘远高，等，2008. 小龙虾暴发性疾病病原及其传播途径的初步研究[J]. 华中农业大学学报，27（6）：763-767.

费忠智，周日东，缪晓燕，2009. 淡水小龙虾健康养殖技术问答[M]. 北京：化学工业出版社.

高光明，2014. 小龙虾"虾稻共生"养殖技术[J]. 水产前沿（10）：85-87.

高光明，袁建明，周汝珍，2015. 稻田生态综合种养理论与实践[M]. 北京：中国农业出版社.

高光明，汪政，胡荣娟，2020. 名优水产健康养殖与病害防治新技术[M]. 北京：中国农业科学技术出版社.

高光明，张泽书，阮宜兵，2019. 小龙虾健康养殖与病害防治图谱[M]. 北京：中国农业科学技术出版社.

蒋火金，林建国，2017. 淡水小龙虾养殖技术[M]. 北京：中国农业出版社.

陆剑锋，赖年悦，成永旭，2005. 小龙虾资源的综合利用及其开发价值[J]. 农产品加工（学刊），79（10）：47-52.

罗梦良，钱名全，2003. 虾仁加工废弃的头、壳的综合利用[J]. 淡水渔业，33（6）：59–60.

舒新亚，龚珞军，2006. 小龙虾健康养殖实用技术[M]. 北京：中国农业出版社.

陶忠虎，邹叶茂，2014. 高效养小龙虾[M]. 北京：机械工业出版社.

魏静，崔峰，张永进，等，2013. 基于虾类食品的保鲜保藏技术研究进展[J]. 渔业现代化，40（4）：55–60，65.

魏静，黄健，1998. 用对虾的致病病毒人工感染小龙虾[J]. 南京农业大学学报，21（4）：78–82.

夏士朋，2003. 小龙虾虾壳中类脂和蛋白质的提取方法[J]. 水产科技情报，30（6）：270–271.

谢慧明，边会喜，杨毅，等，2010. 小龙虾麻醉保活技术研究[J]. 食品科学，31（12）：247–250.

徐广友，凌武海，羊茜，等，2008. 淡水小龙虾高产高效养殖新技术[M]. 北京：中国农业大学出版社.

薛长湖，李彬，徐天梅，等，1993. 从虾头中提取虾青素的工艺探讨[J]. 中国海洋药物（4）：39–42.

于晓慧，林琳，姜绍通，等，2017. 即食小龙虾复合生物保鲜剂的优选及保鲜效果研究[J]. 肉类工业（3）：24–32.

袁庆云，高光明，徐维烈，2013. 酵素菌肥在鱼、虾、稻生态种养中的应用技术[J]. 湖北农业科学，52（14）：3271–3273.

袁庆云，杨涛，高光明，2017. 新编小龙虾健康养殖百问百答[M]. 北京：中国农业科学技术出版社.

ALDERMAN D J，POLGLASE J L，2010. Aphanomyces astaci：Isolation and Culture[J]. Journal of Fish Diseases，9（5）：367–379.